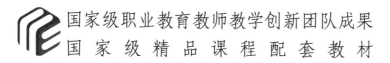

国家级职业教育教师教学创新团队成果

国家级精品课程配套教材

机器人焊接编程与工艺实训

主　编　龙昌茂　肖　勇　邓火生

副主编　张婉云　黄　斌　文小满

参　编　雷运理　韦汉玲　陆全艺

　　　　韩　权　刘英佳　粟德星

主　审　戴建树　侯国清

科学出版社

北　京

内 容 简 介

本书由校企"双元"联合开发，以典型工作任务为载体组织教学内容。全书分为 3 个模块、15 个实训项目。其中，模块 1 为薄板机器人焊接编程与工艺实训，包含 5 个实训项目；模块 2 为中厚板机器人焊接编程与工艺实训，包含 7 个实训项目；模块 3 为机器人与外部轴协同焊接编程操作，包含 3 个实训项目。

本书的编写对接 1+X 证书标准，体现"书证"融通，注重思政融合及信息化资源配套，便于落实课程思政和实施信息化教学。

本书可作为高职高专智能化焊接技术及相关专业的机器人焊接培训教材，也可作为中、高级焊接机器人操作工考证的培训教材。

图书在版编目（CIP）数据

机器人焊接编程与工艺实训/龙昌茂，肖勇，邓火生主编. —北京：科学出版社，2024.12

国家级职业教育教师教学创新团队成果 国家级精品课程配套教材
ISBN 978-7-03-073406-8

Ⅰ. ①机… Ⅱ. ①龙… ②肖… ③邓… Ⅲ. ①焊接机器人-高等职业教育-教材 Ⅳ. ①TP242.2

中国版本图书馆 CIP 数据核字（2022）第 188522 号

责任编辑：张振华 刘建山 / 责任校对：王万红
责任印制：吕春珉 / 封面设计：东方人华平面设计部

科学出版社 出版
北京东黄城根北街 16 号
邮政编码：100717
http://www.sciencep.com
三河市骏杰印刷有限公司印刷
科学出版社发行 各地新华书店经销
*
2024 年 12 月第 一 版 开本：787×1092 1/16
2024 年 12 月第一次印刷 印张：14 1/4
字数：330 000
定价：58.00 元
（如有印装质量问题，我社负责调换）
销售部电话 010-62136230 编辑部电话 010-62135120-2005

前　言

随着国家对职业教育的重视和投入的不断增加，我国职业教育得到了快速发展，为社会输送了大批工作在一线的技术技能人才。但应该看到，智能焊接领域从业人才的数量和质量都远远落后于产业快速发展的需求；随着企业间竞争的日趋残酷和白热化，现代企业对具有良好的职业道德、必要的文化知识、熟练的职业技能等综合职业能力的高素质劳动者和技能型人才的需求越来越大。这都急需职业院校创新教育理念、改革教学模式、优化专业教材，尽快培养出真正适合产业需求的高素质劳动者和技能型人才。

当前，智能焊接技术的发展日新月异，新理论、新工艺不断出现。为了适应产业发展和教学改革的需要，编者根据党的二十大报告精神和《职业院校教材管理办法》《高等学校课程思政建设指导纲要》《"十四五"职业教育规划教材建设实施方案》等文件精神，在行业、企业专家和课程开发专家的精心指导下编写了本书。本书的编写紧紧围绕相关企业的职业工作需要和当前教学改革趋势，以落实立德树人为根本任务，以学生综合职业能力培养为中心，以"科学、实用、新颖"为编写原则。

相比以往同类教材，本书具有许多特点和亮点，主要体现在以下几个方面。

1. 校企"双元"联合开发，编写理念新颖

本书由校企"双元"联合开发。编者均来自教学或企业一线，具有多年的教学或实践经验，多数人带队参加过国家或省级技能大赛，并取得了优异的成绩。在编写本书的过程中，编者能紧扣专业培养目标，遵循教育教学规律和技术人才培养规律，将行业新知识、新标准、新规范及技能大赛的能力要求融入教材，符合当前企业对人才综合素质的要求。

本书采用"基于项目教学""基于工作过程"的职业教育课程改革理念，力求建立以实训项目为载体、以工作过程为导向的教学模式。

2. 体现以人为本，强调实践能力培养

本书切实从职业院校学生的实际出发，摒弃了以往焊接类教材中过多的理论描述，在知识讲解上"削枝强干"，力求理论联系实际，从实用、专业的角度剖析各知识点，以浅显易懂的语言和丰富的图示来进行说明，内容设计注重学生应用能力和实践能力的培养。

本书以练代讲，练中学，学中悟，学生跟随实训项目完成操作就可以掌握智能焊接技术的相关知识与技能。这种教学方式不仅可以大幅提高学生的学习效率，还可以很好地激发学生的学习兴趣和创新思维。

3. 与实际工作岗位对接，实用性、操作性强

本书以企业真实生产项目、典型工作任务组织教学内容，内容上体现新技术、新工艺、新规范，反映典型岗位所需要的职业能力，具有很强的实用性。

全书共 3 个模块、15 个实训项目。模块 1 为薄板机器人焊接编程与工艺实训，模块 2 为中厚板机器人焊接编程与工艺实训，模块 3 为机器人与外部轴协同焊接编程操作。每个模块分为若干个实训项目，每个实训项目以"核心概念""学习目标""实训内容及技术要求""任务实施""任务小结""项目评价""直击工考"等形式展开，层层递进，环环相扣，具有很强的针对性和可操作性。

4. 体现"书证"融通，注重思政融合

在编写本书过程中，注重对接与 1+X 特殊焊接技术（弧焊机器人焊接编程与工艺）职业资格证书和国家焊接设备操作工（焊接机器人操作工）职业技能标准，体现"书证"融通、"岗课赛证"融通。同时，为落实立德树人的根本任务，充分发挥教材承载的思政教育功能，本书凝练实训项目中的思政要素，融入精益化生产管理理念，将安全意识、质量意识、职业素养、工匠精神的培养与教学内容相结合，能够潜移默化地提高学生的思想政治素养。

本书由广西机电职业技术学院、广西柳工机械股份有限公司、广西玉柴机器股份有限公司及广西特盟科技有限公司等校企合作完成编写，由广西机电职业技术学院龙昌茂教授、肖勇（全国技术能手）、邓火生（高级工程师）担任主编。具体分工如下：模块 1 由广西机电职业技术学院的龙昌茂、韦汉玲、黄斌和广西柳工机械股份有限公司的韩权编写，模块 2 由广西机电职业技术学院的肖勇、张婉云、陆全艺和广西玉柴机器股份有限公司的刘英佳编写，模块 3 由广西机电职业技术学院的邓火生、文小满、雷运理和广西特盟科技有限公司的粟德星编写，全书由龙昌茂负责统稿。本书由中国焊接协会教育与培训委员会专家组主任戴建树和广西柳工机械股份有限公司技术总监侯国清联合主审。

编者在编写本书时，查阅和参考了众多文献资料，从中得到了许多教益和启发，在此向参考文献的作者致以诚挚的谢意。在统稿过程中，编者所在单位的有关领导和同事也给予了很多支持和帮助，在此一并表示衷心的感谢。

由于编者水平有限，书中难免存在不妥之处，恳请读者提出宝贵意见，以便今后修订和完善。

目　　录

模块 1　薄板机器人焊接编程与工艺实训

目 录

模块 2 中厚板机器人焊接编程与工艺实训

模块 3　机器人与外部轴协同焊接编程操作

模块 1

薄板机器人焊接
编程与工艺实训

【模块导读】

钢板按厚度尺寸可分为薄板、中厚板、厚板和特厚板。薄板主要指 4.5mm 厚度以下的钢板；中厚板是指厚度为 4.5～25.0mm 的钢板；厚度为 25.0～100.0mm 的称为厚板；厚度超过 100.0mm 的为特厚板。本模块选用碳钢薄板作为原材料（母材），按不同的接头（口）形式设置了碳钢薄板平对接焊缝熔化极气体保护机器人焊接编程与工艺实训、碳钢薄板 T 形接头平角焊缝熔化极气体保护机器人焊接编程与工艺实训、碳钢薄壁骑座式管板垂直俯位平角焊缝熔化极气体保护机器人焊接编程与工艺实训、碳钢薄板平角焊缝 90°内拐角熔化极气体保护机器人焊接编程与工艺实训、碳钢薄板平角焊缝 90°外拐角熔化极气体保护机器人焊接编程与工艺实训 5 个实训项目。

【模块目标】

通过相应的机器人焊接编程与工艺实训，并结合 1+X、职业道德和素质要求进行过程考核与评价，全面提高操作技能、工艺编制能力及职业素养。

碳钢薄板平对接焊缝熔化极气体保护机器人焊接编程与工艺实训

【核心概念】

　　焊接技能（welding technique）：手焊人员或焊接操作人员执行焊接工艺细则的能力。

　　焊接工艺（welding procedure）：与制造焊件有关的加工方法和实施要求，包括焊接准备、材料选用、焊接方法选定、焊接参数、操作要求等。

【学习目标】

1. 能按照安全文明生产操作规程的要求规范操作。
2. 能正确识读焊接图样，按图样要求进行焊接材料、焊接设备及工具的选用。
3. 能对碳钢薄板平对接焊缝熔化极气体保护机器人焊接所用的设备、工具和夹具进行安全检查和维护保养。
4. 能按照焊接技术要求，完成碳钢薄板平对接焊缝熔化极气体保护机器人焊接工艺的制订，并完成编程与焊接操作。
5. 能对所焊试件进行质量检测与评定。

1.1　实训内容及技术要求

1. 实训内容

碳钢薄板平对接焊缝熔化极气体保护焊接机器人的试件结构如图 1-1 所示。

图 1-1　平对接的试件结构

1）试件材料：$\delta = 3$mm 的 Q235 钢板，规格为 200mm×100mm×3mm（2 块）。

2）接头形式：对接接头。

3）坡口形式：I 形。

4）焊接位置：平位放置。

2．技术要求

1）焊接方法：采用机器人熔化极气体保护焊接。

2）焊材：选用 ϕ10mm 的 H08Mn2SiA 焊丝，CO_2 作为保护气体。

3）成形要求：单面焊。

4）装配要求：自定。

5）焊缝外观质量要求：如表 1-1 所示。

表 1-1　焊缝外观质量要求

检查项目	质量要求	检查项目	质量要求
焊缝宽度	4～7mm	未焊透	不作要求
焊缝宽度差	0～2mm	表面气孔	无气孔
焊缝余高	0～3mm	错边量	小于等于 0.3mm
焊缝余高差	0～2mm	角变形	0°～1°
咬边	0～0.5mm	焊缝正面外观成形	焊纹均匀，细密、高低、宽窄一致
裂纹	无裂纹	未熔合	无未熔合
夹渣	无夹渣	焊瘤	无焊瘤

1.2　任务实施

1．工艺分析

（1）试件焊接特点分析

1）采用机器人自动焊，对试件加工和装配的精度要求高，尺寸误差控制在 0.2mm 以内。

2）试件材料为 Q235 钢，属于常用低碳钢，焊接性良好，无须进行预热或后热处理等。

3）平对接单面焊，焊接过程中由于板厚较小，焊后易出现波浪变形，所以在装配定位及装夹试件时应考虑防止试件变形。

（2）试件焊接的重点和难点

1）重点：控制好下料精度、装配精度、装夹方式、示教点的位置和焊枪角度；设置焊接参数。

2）难点：机器人焊接时，起、收弧的处理及焊缝成形的控制。

2. 拟定工艺

（1）下料工艺

为了确保机器人的焊接质量，试件的下料精度越高越好。对接 I 形接头，下料时应严格控制接头端面的垂直度和平整度（垂直度控制在 0°～1°范围内，平整度控制在 0.2mm以内）。按照现场生产条件，尽可能选用高精度的自动下料方法（如激光切割、水射流切割或机加工等），并根据试件材料的性质、尺寸要求等拟定下料工艺。

拟定下料工艺：

产品名称	试件名称	试件数量	试件示意图样
具体下料工艺：			
编制		审核	

（2）装配工艺

装配前应检查接头表面，不得有裂纹、分层、夹杂等缺陷，应清除焊接接头两侧母材表面至少 20mm 范围内的氧化物、油污、熔渣及其他有害物质。对接接头的装配主要是确保两块板接头处的平整度，不要有错边。为了防止焊接变形，定位焊缝的位置除两端点固外，也可在焊缝长度上的中间位置加 1～2 点，定位焊缝长度一般为 10～15mm。定位焊缝的质量应与正规焊接时的质量要求相同，且要注意定位焊缝的成形对起、收弧的影响。

拟定装配工艺：

产品名称	试件名称	试件数量	装配示意简图
具体装配工艺： 点焊工艺：			
编制		审核	

（3）装夹工艺

试件的装夹除要考虑牢固性和防止变形外，还要注意夹具对机器人运行的阻碍，以及焊枪的可达性和焊接运行的顺畅性，并应综合考虑提高机器人焊接的效率。

拟定装夹工艺：

产品名称		装夹示意图
具体装夹工艺：		
编制		审核

（4）机器人编程与焊接工艺

1）根据被焊材料的性质和焊接要求，确定机器人焊接所用的设备。

2）试件为 3mm 厚的平对接接头，不要求焊透，根据焊缝尺寸与表面质量要求，直接采用单层单道焊完成。

3）为了保证焊缝成形美观，编程时可选用直线或直线+摆动的焊接方式。

4）为了防止烧穿、咬边和焊瘤等缺陷，应控制焊接的热输入，宜选择低热输入量的焊接模式（如低飞溅或恒压等），并合理设置焊接相关参数，特别要注意焊枪摆动方式与焊接速度的匹配。

5）起弧处易出现焊缝熔合不良和堆高等现象，而收弧处易出现弧坑和烧穿等缺陷，编程时应合理设置起、收弧的参数，并合理调整起、收弧时的焊枪角度及起、收弧的时间，以保证起焊处的焊缝成形与熔合性和收弧处焊缝的饱满度。

6）为了保证机器人焊接的效率，编程时应尽量减少空走点并缩短空走行程，还要注意机器人焊接过程中的姿态。

拟定机器人编程与焊接工艺：

产品名称			
机器人编程与焊接工艺：		机器人程序文件：	
		焊接工艺参数：	
编制		审核	

3. 工艺实施

（1）备料

根据拟定工艺准备下料的工具与设备，完成试件下料操作，并检验合格。备料检验要求如表 1-2 所示。

表 1-2　备料检验要求

项目	参考标准	实际测量	原因分析
长度	200mm		
宽度	100mm		
厚度	3mm		
单边坡口角度	90°		
对角线误差	1mm		
切割面粗糙度	0.2mm		
板变形量	无变形		

试 件 照 片[1]

（2）试件装配

根据拟定工艺准备装配的工具与设备，完成试件装配操作，并检验合格。装配检验要求如表 1-3 所示。

---

[1] 本书中的试件照片、装配照片、装夹照片、机器人示教照片、焊接照片指学生在工艺实施过程中完成各步骤后拍照并打印粘贴在活页纸上。

表 1-3　装配检验要求

项目	参考标准	实际测量	原因分析
装配间隙	0～1mm		
变形	无		
错边	无		
焊缝区域的清理	20mm 范围内		
定位焊缝	每段长度小于等于 15mm		

装　配　照　片

（3）试件装夹

根据拟定工艺准备装夹的工具与设备，完成试件装夹操作，并检验合格。装夹检验要求如表 1-4 所示。

表 1-4　装夹检验要求

项目	参考标准	实际测量	原因分析
试件摆放位置	机器人的可达性好，空走行程短		
夹持位置	均匀分布，不阻碍焊枪行走		
紧固程度	牢靠，不松动		

装　夹　照　片

（4）机器人编程与焊接

根据拟定工艺准备机器人编程与焊接的工具与设备，完成机器人编程与焊接操作。

机器人示教照片

焊　接　照　片

（5）焊缝外观质量的检测

根据焊缝外观质量的要求，准备检测工具与设备，完成焊缝外观质量的检测操作。焊缝外观质量的检测要求及评分如表 1-5 所示。

表 1-5　焊缝外观质量的检测要求及评分

检测项目	参考标准	配分	检测结果	得分
焊缝宽度	4～7mm	总分 10 分。4～5mm（包括 5mm）得 10 分，5～6mm（包括 6mm）得 6 分，6～7mm（包括 7mm）得 5 分，小于等于 4mm 或大于 7mm 得 0 分		
焊缝宽度差	0～2mm	总分 10 分。0～1mm（包括 1mm）得 10 分，1～2mm（包括 2mm）得 5 分，大于 2mm 得 0 分		
焊缝余高	0～3mm	总分 10 分。0～1mm（包括 1mm）得 10 分，1～2mm（包括 2mm）得 6 分，2～3mm（包括 3mm）得 2 分，大于 3mm 得 0 分		
焊缝余高差	0～2mm	总分 10 分。0～1mm（包括 1mm）得 10 分，1～2mm（包括 2mm）得 5 分，大于 2mm 得 0 分		
咬边	0～0.5mm	总分 10 分。咬边深度小于 0.5mm，每超出 0.2mm 扣 1 分；咬边深度大于 0.5mm 得 0 分		
裂纹	无裂纹	总分 5 分。有裂纹得 0 分		
夹渣	无夹渣	总分 5 分。有夹渣得 0 分		
表面气孔	无气孔	总分 5 分。有气孔得 0 分		
错边量	小于等于 0.3mm	总分 5 分。大于 0.3mm 得 0 分		
角变形	0°～1°	总分 5 分。大于 1°得 0 分		

续表

检测项目	参考标准	配分	检测结果	得分
焊缝正面外观成形	焊纹均匀，细密、高低、宽窄一致	总分 15 分。焊纹均匀，细密、高低、宽窄一致得 15 分；焊纹较均匀，高低、宽窄良好得 10 分；焊纹高低、宽窄一般得 5 分		
未熔合	无未熔合	总分 5 分。有未熔合得 0 分		
焊瘤	无焊瘤	总分 5 分。有焊瘤得 0 分		

4. 工艺优化

根据工艺实施的具体情况，并按照焊接质量的要求，对拟定工艺进行优化，修订完成最终的工艺文件。

（1）下料工艺

产品名称	试件名称	试件数量	试件示意图样

具体下料工艺：

编制		审核	

（2）装配工艺

产品名称	试件名称	试件数量	装配示意简图
具体装配工艺： 点焊工艺：			
编制		审核	

（3）装夹工艺

产品名称		装夹示意图
具体装夹工艺： 		
编制		审核	

（4）机器人编程与焊接工艺

产品名称	
机器人编程与焊接工艺：	机器人程序文件：
	焊接工艺参数：
编制		审核	

1.3　任务小结

编制		审核	

1.4　项目评价

　　项目评价以自我评价和小组评价相结合的方式进行，指导教师根据项目评价和学生的学习成果进行综合评价。

1）根据任务完成的情况，检查任务完成的质量。

2）归纳总结编程与工艺操作的技术要点，并提出改进建议。

3）对优化的工艺进行综合论证。

碳钢薄板平对接焊缝熔化极气体保护机器人焊接编程与工艺实训考核评价表如表1-6所示。

表 1-6　碳钢薄板平对接焊缝熔化极气体保护机器人焊接编程与工艺实训考核评价表

班级：　　　第（　）小组　姓名：　　　时间：

评价模块	评价内容	分值	自我评价	小组评价
理论知识	1）了解安全文明生产操作规程	10		
	2）掌握对试件进行质量检测与评定的方法	10		
	3）了解机器人熔化极气体保护焊所用的设备	10		
操作技能	1）能正确识读焊接图样，按图样要求进行焊接材料、焊接设备及工具的选用	20		
	2）能对碳钢薄板平对接焊缝熔化极气体保护机器人焊接所用的设备、工具和夹具进行安全检查和维护保养	20		
	3）能按照焊接技术要求，完成碳钢薄板平对接焊缝熔化极气体保护机器人焊接工艺的制订，并完成编程与焊接操作和工艺的修订	20		
职业素养	1）具有质量意识、效率意识、环保意识，践行精益化生产管理理念	5		
	2）具有规范意识、团队意识、安全意识，严格按照操作规程作业	5		

综合评价：

导师或师傅签字：

直 击 工 考

一、单选题

1. 机器人轨迹控制过程需要通过求解（　　　）获得各关节角的位置，以控制系统的设定值。

　　A. 运动学正问题　　　　　　　　B. 运动学逆问题

　　C. 动力学正问题　　　　　　　　D. 动力学逆问题

2. 通常对机器人进行示教编程时，要求最初程序点与最终程序点的位置（　　　），以提高工作效率。

　　A. 相同　　　　　B. 不同　　　　　C. 无所谓　　　　D. 分离越大越好

二、简答题

碳钢薄板平对接焊缝熔化极气体保护机器人焊接常见的焊接缺陷有哪些(列举5项以上)？

碳钢薄板 T 形接头平角焊缝熔化极气体保护机器人焊接编程与工艺实训

【核心概念】

焊接工艺规范（welding procedure specification）：与制造焊件有关的加工方法和实施要求的细则文件，可保证由熟练焊工或操作工操作时质量的再现性。

焊接材料（welding material）：焊接时所消耗材料（包括焊丝、焊剂、气体等）的统称。

【学习目标】

1. 能按照安全文明生产操作规程的要求规范操作。
2. 能正确识读焊接图样，按图样要求进行焊接材料、焊接设备及工具的选用。
3. 能对碳钢薄板 T 形接头平角焊缝熔化极气体保护机器人焊接所用的设备、工具和夹具进行安全检查和维护保养。
4. 能按照焊接技术要求，完成碳钢薄板 T 形接头平角焊缝熔化极气体保护机器人焊接工艺的制订，并完成编程与焊接操作。
5. 能对所焊试件进行质量检测与评定。

2.1 实训内容及技术要求

1. 实训内容

碳钢薄板 T 形接头平角焊缝熔化极气体保护机器人焊接的试件结构如图 2-1 所示。

图 2-1　T 形接头平角焊缝的试件结构

1）试件材料：$\delta = 3mm$ 的 Q235 钢板，规格为 200mm×100mm×3mm（2 块）。

2）接头形式：T 形接头。

3）坡口形式：I 形。

4）焊接位置：平位放置。

2. 技术要求

1）焊接方法：采用熔化极气体保护焊机器人焊接。

2）焊材：选用 $\phi 1.0mm$ 的 H08Mn2SiA 焊丝，CO_2 作为保护气体。

3）成形要求：单层焊。

4）装配要求：自定。

5）焊缝外观质量要求：如表 2-1 所示。

表 2-1　焊缝外观质量要求

检查项目	质量要求	检查项目	质量要求
焊脚尺寸（k_1、k_2）	5～8mm	未焊透	不作要求
焊脚尺寸差	0～2mm	表面气孔	无气孔
焊缝凸度	−1～2mm	角变形	0°～1°
焊缝凸度差	0～2mm	焊缝正面外观成形	焊纹均匀，细密、高低、宽窄一致
咬边	0～0.5mm	未熔合	无未熔合
裂纹	无裂纹	焊瘤	无焊瘤
夹渣	无夹渣		

2.2　任务实施

1. 工艺分析

（1）试件焊接特点分析

1）在进行 T 形接头平角焊缝机器人焊接时，容易产生焊缝上侧（立板焊趾处）咬边和焊缝下侧（底板焊趾处）未熔合等缺陷。为了防止上述缺陷，焊接时除正确选择焊接参数外，还必须根据两板的厚度来调整焊枪的角度，电弧应偏向厚板的一边，使两板受热温度均匀一致。焊接过程中尽量采用偏小的电弧电压焊接。

2）采用机器人自动焊，对试件加工和装配的精度要求较高，尺寸误差控制在 0.2mm 以内。

3）试件材料为 Q235 钢，属于常用低碳钢，焊接性良好，无须进行预热或后热处理等。

4）焊接过程中由于板厚较小，焊后易出现波浪变形，所以在装配定位及装夹试件时应考虑防止试件变形。

（2）试件焊接的重点和难点

1）重点：控制好下料和装配精度、装夹方式、示教点的位置和焊枪角度，以及设置焊接参数。

2）难点：机器人焊接时起、收弧的处理及立板咬边的控制。

2．拟定工艺

（1）下料工艺

为了确保机器人的焊接质量，试件的下料精度越高越好。下料时应严格控制立板接头端面的垂直度和平整度（垂直度控制在 0°～1° 范围内，平整度控制在 0.2mm 以内）。按照现场生产条件尽可能选用高精度的自动下料方法（如激光切割、水射流切割或机加工等），并根据试件材料的性质、尺寸要求等拟定下料工艺。

拟定下料工艺：

产品名称	试件名称	试件数量	试件示意图样
具体下料工艺：			
编制		审核	

（2）装配工艺

装配前应检查接头表面，不得有裂纹、分层、夹杂等缺陷，应清除焊接接头待焊区两侧母材表面至少 20mm 范围内的氧化物、油污、熔渣及其他有害物质。T 形接头的装配主要是确保两块板的垂直度。为了防止焊接变形和保证焊缝成形美观，定位焊缝的位置可设置在 T 形接头的两顶端和待焊区背面的中间部位。若定位焊缝设置在待焊区内，则焊点的质量应与正规焊接时的质量要求相同，且要注意定位焊缝的成形对起、收弧焊接的影响。

拟定装配工艺：

产品名称	试件名称	试件数量	装配示意简图
具体装配工艺： 点焊工艺：			
编制		审核	

（3）装夹工艺

试件的装夹除要考虑牢固性和防止变形外，还要注意夹具对机器人运行的阻碍，以及焊枪的可达性和焊接运行的顺畅性，并应综合考虑提高机器人焊接的效率。

拟定装夹工艺：

产品名称	装夹示意图
具体装夹工艺： 	
编制	审核

（4）机器人编程与焊接工艺

1）根据被焊材料的性质和焊接要求，确定机器人焊接所用的设备。

2）试件为 3mm 厚的 T 形接头，不要求焊透，根据焊缝尺寸与表面质量要求，直接采用单层单道焊完成。

3）为了保证焊缝成形美观，编程时可选用直线或"直线+轻微摆动"的焊接方式。

4）为了防止出现咬边和焊瘤等缺陷，应控制焊接的热输入，宜选择低热输入量的焊接模式（如低飞溅或恒压等），并合理设置焊接相关参数，特别要注意焊枪摆动方式与焊接速度的匹配。

5）起弧处易出现焊缝熔合不良和堆高等现象，而收弧处易出现弧坑和烧穿等缺陷，编程时应合理设置起、收弧参数，并合理调整起、收弧时的焊枪角度及起、收弧时间，以保证起焊处的焊缝成形与熔合性和收弧处焊缝的饱满度。

6）为了保证机器人焊接的效率，编程时应尽量减少空走点和缩短空走行程，还要注意机器人焊接过程中的姿态。

拟定机器人编程与焊接工艺：

产品名称			
机器人编程与焊接工艺：		机器人程序文件：	
		焊接工艺参数：	
编制		审核	

3．工艺实施

（1）备料

根据拟定工艺准备下料的工具与设备，完成试件下料操作，并检验合格。备料检验要求如表 2-2 所示。

表 2-2　备料检验要求

项目	参考标准	实际测量	原因分析
长度	200mm		
宽度	100mm		
厚度	5mm		
单边坡口角度	90°		
对角线误差	1mm		
切割面粗糙度	0.2mm		
板变形量	无变形		

试 件 照 片

（2）试件装配

根据拟定工艺准备装配的工具与设备，完成试件装配操作，并检验合格。装配检验要求如表 2-3 所示。

表 2-3　装配检验要求

项目	参考标准	实际测量	原因分析
装配间隙	0～0.5mm		
变形	无		
焊缝区域的清理	20mm 范围内		
定位焊缝	每段长度小于等于 15mm		

装　配　照　片

（3）试件装夹

根据拟定工艺准备装夹的工具与设备，完成试件装夹操作，并检验合格。装夹检验要求如表 2-4 所示。

表 2-4　装夹检验记录

项目	参考标准	实际测量	原因分析
试件摆放位置	机器人的可达性好，空走行程短		
夹持位置	均匀分布，不阻碍焊枪行走		
紧固程度	牢靠，不松动		

装　夹　照　片

（4）机器人编程与焊接

根据拟定工艺准备机器人编程与焊接的工具与设备，完成机器人编程与焊接操作。

机器人示教照片

焊　接　照　片

（5）焊缝外观质量的检测

根据焊缝外观质量的要求，准备检测工具与设备，完成焊缝外观质量的检测操作。焊缝外观质量的检测要求及评分如表 2-5 所示。

表2-5　焊缝外观质量的检测要求及评分

检测项目	参考标准	配分	检测结果	得分
焊脚尺寸	5～8mm	总分 15 分。5～6mm（包括 6mm）得 15 分，6～7mm（包括 7mm）得 10 分，7～8mm（包括 8mm）得 5 分，小于等于 5mm 或大于 8mm 得 0 分		
焊脚尺寸差	0～2mm	总分 10 分。0～1mm（包括 1mm）得 10 分，1～2mm（包括 2mm）得 5 分，大于 2mm 得 0 分		
焊缝凸度	-1～2mm	总分 10 分。-1～0mm（包括 0mm）得 10 分，0～1mm（包括 1mm）得 6 分，1～2mm（包括 2mm）得 2 分，小于等于-1mm 或大于 2mm 得 0 分		
焊缝凸度差	0～2mm	总分 10 分。0～1mm（包括 1mm）得 10 分，1～2mm（包括 2mm）得 5 分，大于 2mm 得 0 分		
咬边	0～0.5mm	总分 10 分。咬边深度小于 0.5mm，每超出 0.2mm 扣 1 分；咬边深度大于 0.5mm 得 0 分		
裂纹	无裂纹	总分 5 分。有裂纹得 0 分		
夹渣	无夹渣	总分 5 分。有夹渣得 0 分		
表面气孔	无气孔	总分 5 分。有气孔得 0 分		
角变形	0°～1°	总分 5 分。大于 1°得 0 分		

续表

检测项目	参考标准	配分	检测结果	得分
焊缝正面外观成形	焊纹均匀，细密、高低、宽窄一致	总分15分。焊纹均匀，细密、高低、宽窄一致得15分；焊纹较均匀，高低、宽窄良好得10分；焊纹、高低宽窄一般得5分		
未熔合	无未熔合	总分5分。有未熔合得0分		
焊瘤	无焊瘤	总分5分。有焊瘤得0分		

4. 工艺优化

根据工艺实施的具体情况，并按照焊接质量的要求，对拟定工艺进行优化，修订完成最终的工艺文件。

（1）下料工艺

产品名称	试件名称	试件数量	试件示意图样
具体下料工艺：			
编制		审核	

（2）装配工艺

产品名称	试件名称	试件数量	装配示意简图
具体装配工艺： 点焊工艺：			
编制		审核	

（3）装夹工艺

产品名称		装夹示意图
具体装夹工艺：		
编制		审核	

（4）机器人编程与焊接工艺

产品名称	
机器人编程与焊接工艺：	机器人程序文件：
	焊接工艺参数：
编制		审核	

2.3　任务小结

编制		审核	

2.4　项目评价

项目评价以自我评价和小组评价相结合的方式进行，指导教师根据项目评价和学生的学习成果进行综合评价。

1）根据任务完成的情况，检查任务完成的质量。

2）归纳总结编程与工艺操作的技术要点，并提出改进建议。

3）对优化的工艺进行综合论证。

碳钢薄板T形接头平角焊缝熔化极气体保护机器人焊接编程与工艺实训考核评价表如表2-6所示。

表2-6 碳钢薄板T形接头平角焊缝熔化极气体保护机器人焊接编程与工艺实训考核评价表

班级： 第（ ）小组 姓名： 时间：

评价模块	评价内容	分值	自我评价	小组评价
理论知识	1）了解安全文明生产操作规程	10		
	2）掌握对试件进行质量检测与评定的方法	10		
	3）了解机器人熔化极气体保护焊所用的设备	10		
操作技能	1）能正确识读焊接图样，按图样要求进行焊接材料、焊接设备及工具的选用	20		
	2）能对碳钢薄板T形接头平角焊接熔化极气体保护机器人焊接所用的设备、工具和夹具进行安全检查和维护保养	20		
	3）能按照焊接技术要求，完成碳钢薄板T形接头平角焊缝熔化极气体保护机器人焊接工艺的制订，并完成编程与焊接操作和工艺的修订	20		
职业素养	1）具有质量意识、效率意识、环保意识，践行精益化生产管理理念	5		
	2）具有规范意识、团队意识、安全意识，严格按照操作规程作业	5		

综合评价：

导师或师傅签字：

直 击 工 考

一、单选题

1. 试运行是指在不改变示教模式的前提下执行模拟再现动作的功能，机器人动作速度超过示教最高速度时，（　　　）。

    A. 以示教给定的速度运行   B. 以示教最高速度限制运行

    C. 以示教最低速度运行   D. 报错

2. 焊缝金属和母材之间或焊道金属与焊道之间未完全熔化结合的部分称为（　　　）。

    A. 气孔   B. 裂纹   C. 未熔合   D. 未焊透

二、简答题

可以采取哪些工艺措施增加碳钢薄板平角焊缝的焊脚高度？

碳钢薄壁骑座式管板垂直俯位平角焊缝熔化极气体保护机器人焊接编程与工艺实训

【核心概念】

　　焊接操作（welding operation）：按照给定的焊接工艺完成焊接过程的各种动作。

　　定位焊（tack welding）：为装配和固定焊件接头的位置而进行的焊接。

【学习目标】

1. 能按照安全文明生产操作规程的要求规范操作。
2. 能正确识读焊接图样，按图样要求进行焊接材料、焊接设备及工具的选用。
3. 能对碳钢薄壁骑座式管板垂直俯位平角焊缝熔化极气体保护机器人焊接所用的设备、工具和夹具进行安全检查和维护保养。
4. 能按照焊接技术要求，完成碳钢薄壁骑座式管板垂直俯位平角焊缝熔化极气体保护机器人焊接工艺的制订，并完成编程与焊接操作。
5. 能对所焊试件进行质量检测与评定。

3.1 实训内容及技术要求

1. 实训内容

碳钢薄壁骑座式管板垂直俯位平角焊缝熔化极气体保护机器人焊接的试件结构如图 3-1 所示。

1）试件材料：$\delta = 3mm$ 的 Q235 钢板，规格为 100mm×100mm×3mm（1 块）、ϕ60mm×

100mm×3mm（1 块）。

2）接头形式：骑座式管板垂直俯位接头。

3）坡口形式：I 形。

4）焊接位置：平位放置。

2. 技术要求

1）焊接方法：采用机器人熔化极气体保护焊接。

图 3-1　骑座式管板垂直俯位平角焊缝的试件结构

2）焊材：选用 $\phi 1.0$mm 的 H08Mn2SiA 焊丝，CO_2 作为保护气体。

3）成形要求：单面焊。

4）装配要求：自定。

5）焊缝外观质量要求：如表 3-1 所示。

表 3-1　焊缝外观质量要求

检查项目	质量要求	检查项目	质量要求
焊脚尺寸（k_1、k_2）	5～8mm	未焊透	不作要求
焊脚尺寸差	0～2mm	表面气孔	无气孔
焊缝凸度	−1～2mm	角变形	0°～1°
焊缝凸度差	0～2mm	焊缝正面外观成形	焊纹均匀，细密、高低、宽窄一致
咬边	0～0.5mm	未熔合	无未熔合
裂纹	无裂纹	焊瘤	无焊瘤
夹渣	无夹渣		

3.2　任务实施

1. 工艺分析

（1）试件焊接特点分析

1）采用机器人自动焊，对试件加工和装配的精度要求高，尺寸误差控制在 0.2mm 以内。

2）试件材料为 Q235 钢，属于常用低碳钢，焊接性良好，无须进行预热或后热处理等。

3）焊缝类型属于圆弧平角焊缝，焊接过程与 T 形焊缝相似，容易产生根部未焊透、焊缝上侧（立板处）咬边和焊缝下侧（水平板处）未熔合或焊瘤等缺陷。

（2）试件焊接的重点和难点

1）重点：控制好下料精度、装配精度、装夹方式、示教点的位置和焊枪角度，以及设置焊接参数。

2）难点：机器人焊接时起、收弧的处理及焊缝成形的控制。

2. 拟定工艺

(1) 下料工艺

为了确保机器人的焊接质量，试件的下料精度越高越好。下料时应严格控制 $\phi60mm$ 管接头端面的垂直度和平整度（垂直度控制在 $0°\sim1°$，平整度控制在 0.2mm 以内）。按照现场生产条件尽可能选用高精度的自动下料方法（如激光切割、水射流切割或机加工等），并根据试件材料的性质、尺寸要求等拟定下料工艺。

拟定下料工艺：

产品名称	试件名称	试件数量	试件示意图样
具体下料工艺：			
编制		审核	

(2) 装配工艺

装配前应检查接头表面，不得有裂纹、分层、夹杂等缺陷，应清除焊接接头两侧母材表面至少 20mm 范围内的氧化物、油污、熔渣及其他有害物质。骑座式管板接头的装配主要是确保管板接头处的平整度和垂直度。为了防止焊接变形，定位焊缝的位置可沿管外径进行 3 或 4 等分点固，定位焊缝长度一般为 10～15mm。定位焊缝的质量应与正规焊接时的质量要求相同，且要注意定位焊缝的成形对起、收弧的影响。

拟定装配工艺：

产品名称	试件名称	试件数量	装配示意简图
具体装配工艺： 点焊工艺：			
编制		审核	

（3）装夹工艺

试件的装夹除要考虑牢固性和防止变形外，还要注意夹具对机器人运行的阻碍，以及焊枪的可达性和焊接运行的顺畅性，并应综合考虑提高机器人焊接的效率。

拟定装夹工艺：

产品名称	装夹示意图
具体装夹工艺：	
编制		审核	

实训项目 3　碳钢薄壁骑座式管板垂直俯位平角焊缝熔化极气体保护机器人焊接编程与工艺实训

（4）机器人编程与焊接工艺

1）根据被焊材料的性质和焊接要求，确定机器人焊接所用的设备。

2）试件为 3mm 厚的骑座式管板俯位平角焊缝接头，不要求焊透，根据焊缝尺寸与表面质量要求，直接采用单层单道焊完成。

3）为了保证焊缝成形美观，编程时可选用直线或直线摆动的焊接方式。

4）为了防止出现烧穿、咬边和焊瘤等缺陷，应控制焊接的热输入，宜选择低热输入量的焊接模式（如低飞溅或恒压等），并合理设置焊接相关参数，特别要注意焊枪摆动方式与焊接速度的匹配。

5）起弧处易出现焊缝熔合不良和堆高等现象，而收弧处易出现弧坑和烧穿等缺陷，编程时应合理设置起、收弧参数，并合理调整起、收弧时的焊枪角度及起、收弧时间，以保证起焊处的焊缝成形与熔合性和收弧处焊缝的饱满度。

6）为了保证机器人焊接的效率，编程时应尽量减少空走点和缩短空走行程，还要注意机器人焊接过程中的姿态。

拟定机器人编程与焊接工艺：

产品名称			
机器人编程与焊接工艺：		机器人程序文件：	
		焊接工艺参数：	
编制		审核	

3．工艺实施

（1）备料

根据拟定工艺准备下料的工具与设备，完成试件下料操作，并检验合格。备料检验要求如表 3-2 所示。

表 3-2　备料检验要求

项目	参考标准	实际测量	原因分析
板长度	100mm		
板宽度	100mm		
板厚度	3mm		
板对角线误差	1mm		
板变形量	无变形		
管直径	ϕ60mm		
管长度	100mm		
管壁厚	3mm		
管端面单边坡口角度	90°		
管切割面粗糙度	0.2mm		
管变形量	无变形		

试　件　照　片

（2）试件装配

根据拟定工艺准备装配的工具与设备，完成试件装配操作，并检验合格。装配检验要求如表 3-3 所示。

表 3-3　装配检验要求

项目	参考标准	实际测量	原因分析
装配间隙	0～0.5mm		
焊缝区域的清理	20mm 范围内		
定位焊缝	每段长度小于等于 15mm		

装　配　照　片

（3）试件装夹

根据拟定工艺准备装夹的工具与设备，完成试件装夹操作，并检验合格。装夹检验要求如表 3-4 所示。

表 3-4　装夹检验要求

项目	参考标准	实际测量	原因分析
试件摆放位置	机器人的可达性好，空走行程短		
夹持位置	均匀分布，不阻碍焊枪行走		
紧固程度	牢靠，不松动		

装　夹　照　片

（4）机器人编程与焊接

根据拟定工艺准备机器人编程与焊接的工具与设备，完成机器人编程与焊接操作。

机器人示教照片

焊　接　照　片

（5）焊缝外观质量的检测

根据焊缝外观质量的要求，准备检测工具与设备，完成焊缝外观质量的检测操作。焊缝外观质量的检测要求及评分如表 3-5 所示。

表 3-5　焊缝外观质量的检测要求及评分

检测项目	参考标准	配分	检测结果	得分
焊脚尺寸	5～8mm	总分 15 分。5～6mm（包括 6mm）得 15 分，6～7mm（包括 7mm）得 10 分，7～8mm（包括 8mm）得 5 分，小于 5mm 或大于 8mm 得 0 分		
焊脚尺寸差	0～2mm	总分 10 分。0～1mm（包括 1mm）得 10 分，1～2mm（包括 2mm）得 5 分，大于 2mm 得 0 分		
焊缝凸度	-1～2mm	总分 10 分。-1～0mm（包括 0mm）得 10 分，0～1mm（包括 1mm）得 6 分，1～2mm（包括 2mm）得 2 分，小于等于-1mm 或大于 2mm 得 0 分		
焊缝凸度差	0～2mm	总分 10 分。0～1mm（包括 1mm）得 10 分，1～2mm（包括 2mm）得 5 分，大于 2mm 得 0 分		
咬边	0～0.5mm	总分 10 分。咬边深度小于 0.5mm，每超出 0.2mm 扣 1 分；咬边深度大于 0.5mm 得 0 分		
裂纹	无裂纹	总分 5 分。有裂纹得 0 分		
夹渣	无夹渣	总分 5 分。有夹渣得 0 分		
表面气孔	无气孔	总分 5 分。有气孔得 0 分		
角变形	0°～1°	总分 5 分。大于 1°得 0 分		

检测项目	参考标准	配分	检测结果	得分
焊缝正面外观成形	焊纹均匀，细密、高低、宽窄一致	总分 15 分。焊纹均匀，细密、高低、宽窄一致得 15 分；焊纹较均匀，高低、宽窄良好得 10 分；焊纹、高低、宽窄一般得 5 分		
未熔合	无未熔合	总分 5 分。有未熔合得 0 分		
焊瘤	无焊瘤	总分 5 分。有焊瘤得 0 分		

4. 工艺优化

根据工艺实施的具体情况，并按照焊接质量的要求，对拟定工艺进行优化，修订完成最终的工艺文件。

（1）下料工艺

产品名称	试件名称	试件数量	试件示意图样

具体下料工艺：

编制		审核	

（2）装配工艺

产品名称	试件名称	试件数量	装配示意简图
具体装配工艺： 点焊工艺：			
编制		审核	

（3）装夹工艺

产品名称		装夹示意图
具体装夹工艺： 		
编制		审核	

（4）机器人编程与焊接工艺

产品名称	
机器人编程与焊接工艺：	机器人程序文件：
	焊接工艺参数：
编制　　　　　　　　　审核	

3.3　任务小结

编制　　　　　　　　　审核	

3.4　项目评价

　　项目评价以自我评价和小组评价相结合的方式进行，指导教师根据项目评价和学生的学习成果进行综合评价。

実训项目 3　碳钢薄壁骑座式管板垂直俯位平角焊缝熔化极气体保护机器人焊接编程与工艺实训

1）根据任务完成的情况，检查任务完成的质量。
2）归纳总结编程与工艺操作的技术要点，并提出改进建议。
3）对优化的工艺进行综合论证。

碳钢薄壁骑座式管板垂直俯位平角焊缝熔化极气体保护机器人焊接编程与工艺实训考核评价表如表 3-6 所示。

表 3-6　碳钢薄壁骑座式管板垂直俯位平角焊缝熔化极气体保护机器人焊接编程与工艺实训考核评价表

班级：　　　　第（　）小组　姓名：　　　　时间：

评价模块	评价内容	分值	自我评价	小组评价
理论知识	1）了解安全文明生产操作规程	10		
	2）掌握对试件进行质量检测与评定的方法	10		
	3）了解机器人熔化极气体保护焊所用的设备	10		
操作技能	1）能正确识读焊接图样，按图样要求进行焊接材料、焊接设备及工具的选用	20		
	2）能对碳钢薄壁骑座式管板垂直俯位平角焊缝熔化极气体保护机器人焊接所用的设备、工具和夹具进行安全检查和维护保养	20		
	3）能按照焊接技术要求，完成碳钢薄壁骑座式管板垂直俯位平角焊缝熔化极气体保护机器人焊接工艺的制订，并完成编程与焊接操作和工艺的修订	20		
职业素养	1）具有质量意识、效率意识、环保意识，践行精益化生产管理理念	5		
	2）具有规范意识、团队意识、安全意识，严格按照操作规程作业	5		

综合评价：

导师或师傅签字：

直 击 工 考

一、多选题

1．在连续焊缝焊接时，为了实现对焊枪进行精确的连续轨迹控制，需要在机器人运动路径上的某些关键点插补路径点，而插补的方式有（　　　）。
　　A．直线插补　　　B．直角插补　　　C．圆弧插补　　　D．复合插补
2．在机器人动作范围内示教时，需要遵守的事项有（　　　）。
　　A．保持从正面观看机器人
　　B．遵守操作步骤
　　C．考虑机器人突然向自己所在方位运行时的应变方案
　　D．确保设置躲避场所，以防万一

二、简答题

碳钢薄壁管板骑座式俯位角焊如何控制焊缝凸度？

实训项目 4

碳钢薄板平角焊缝90°内拐角熔化极气体保护机器人焊接编程与工艺实训

【核心概念】

　　焊接顺序（welding sequence）：焊件上各焊接接头和焊缝的焊接次序。

　　焊接方向（direction of welding）：焊接热源沿焊缝长度增长的移动方向。

【学习目标】

1. 能按照安全文明生产操作规程的要求规范操作。

2. 能正确识读焊接图样，按图样要求进行焊接材料、焊接设备及工具的选用。

3. 能对碳钢薄板平角焊缝90°内拐角熔化极气体保护机器人焊接所用的设备、工具和夹具进行安全检查和维护保养。

4. 能按照焊接技术要求，完成碳钢薄板平角焊缝90°内拐角熔化极气体保护机器人焊接工艺的制订，并完成编程与焊接操作。

5. 能对所焊试件进行质量检测与评定。

4.1 实训内容及技术要求

1. 实训内容

碳钢薄板平角焊缝90°内拐角熔化极气体保护机器人焊接的试件结构如图4-1所示。

1）试件材料：$\delta = 3$mm的Q235钢板，规格为80mm×50mm×3mm（2块）、100mm×100mm×3mm（1块）。

2）接头形式：T形接头90°内拐角。

图 4-1　平角焊缝 90°内拐角
　　　的试件结构

3）坡口形式：I 形。

4）焊接位置：平位放置。

2. 技术要求

1）焊接方法：采用熔化极气体保护机器人焊接。

2）焊材：选用 $\phi 1.0mm$ 的 H08Mn2SiA 焊丝，CO_2 作为保护气体。

3）成形要求：单面焊。

4）装配要求：自定。

5）焊缝外观质量要求：如表 4-1 所示。

表 4-1　焊缝外观质量要求

检查项目	质量要求	检查项目	质量要求
焊脚尺寸（k_1、k_2）	5～8mm	未焊透	不作要求
焊脚尺寸差	0～2mm	表面气孔	无气孔
焊缝凸度	-1～2mm	角变形	0°～1°
焊缝凸度差	0～2mm	焊缝正面外观成形	焊纹均匀，细密、高低、宽窄一致
咬边	0～0.5mm	未熔合	无未熔合
裂纹	无裂纹	焊瘤	无焊瘤
夹渣	无夹渣		

4.2　任务实施

1. 工艺分析

（1）试件焊接特点分析

1）T 形接头 90°内拐角机器人平角焊焊接时，容易产生根部未焊透、焊缝上侧（立板处）咬边和焊缝下侧（水平板处）未熔合或焊瘤等缺陷。为了防止上述缺陷，焊接时除正确选择焊接参数外，还必须根据两板厚度调整焊枪的角度，电弧应偏向厚板的一边，使两板受热温度均匀一致。焊接过程中尽量采用偏小的电弧电压焊接。

2）试采用机器人自动焊，对试件加工和装配的精度要求高，尺寸误差控制在 0.2mm 以内。

3）试件材料为 Q235 钢，属于常用低碳钢，焊接性良好，无须进行预热或后热处理等。

4）焊接过程中由于板厚较小，焊后易出现波浪变形，所以在装配定位及装夹试件时应考虑防止试件变形。

（2）试件焊接的重点和难点

1）重点：控制好下料和装配精度、装夹方式、示教点的位置和焊枪角度，以及设置焊接参数。

2）难点：机器人焊接时起、收弧的处理及立板咬边形的控制。

2. 拟定工艺

（1）下料工艺

为了确保机器人的焊接质量，试件的下料精度越高越好。下料时应严格控制接头端面的垂直度和平整度（垂直度控制在 0°～1°范围内，平整度控制在 0.2mm 以内）。按照现场生产条件尽可能选用高精度的自动下料方法（如激光切割、水射流切割或机加工等），并根据试件材料的性质、尺寸要求等拟定下料工艺。

拟定下料工艺：

产品名称	试件名称	试件数量	试件示意图样
具体下料工艺：			
编制		审核	

（2）装配工艺

装配前应检查接头表面，不得有裂纹、分层、夹杂等缺陷，应清除焊接接头两侧母材表面至少 20mm 范围内的氧化物、油污、熔渣及其他有害物质。对接接头的装配主要是确保两块板的垂直度，为了防止焊接变形和保证焊缝成形美观，定位焊缝的位置可设置在 T 形接头两块板的两顶端部位。若定位焊缝设置在待焊区内，则焊点的质量应与正规焊接时的质量要求相同，且要注意定位焊缝的成形对起、收弧的影响。

拟定装配工艺：

产品名称	试件名称	试件数量	装配示意简图
具体装配工艺： 点焊工艺：			
编制		审核	

（3）装夹工艺

试件的装夹除要考虑牢固性和防止变形外，还要注意夹具对机器人运行的阻碍，以及焊枪的可达性和焊接运行的顺畅性，并应综合考虑提高机器人焊接的效率。

拟定装夹工艺：

产品名称	装夹示意图
具体装夹工艺：	
编制	审核

（4）机器人编程与焊接工艺

1）根据被焊材料的性质和焊接要求，确定机器人焊接所用的设备。

2）试件为 3mm 厚的平对接接头，不要求焊透，根据焊缝尺寸与表面质量要求，直接采用单层单道焊完成。

3）为了保证焊缝成形美观，编程时可选用直线或直线摆动的焊接方式。

4）为了防止出现烧穿、咬边和焊瘤等缺陷，应控制焊接的热输入，宜选择低热输入量的焊接模式（如低飞溅或恒压等），并合理设置焊接相关参数，特别要注意焊枪摆动方式与焊接速度的匹配。

5）起弧处易出现焊缝熔合不良和堆高等现象，而收弧处易出现弧坑和烧穿等缺陷，编程时应合理设置起、收弧参数，并合理调整起、收弧时的焊枪角度及起、收弧时间，以保证起焊处的焊缝成形与熔合性和收弧处焊缝的饱满度。

6）为了保证机器人焊接的效率，编程时应尽量减少空走点和缩短空走行程，还要注意机器人焊接过程中的姿态。

拟定机器人编程与焊接工艺：

产品名称			
机器人编程与焊接工艺：		机器人程序文件：	
		焊接工艺参数：	
编制		审核	

3．工艺实施

（1）备料

根据拟定工艺准备下料的工具与设备，完成试件下料操作，并检验合格。备料检验要求如表 4-2 所示。

表 4-2　备料检验要求

项目	参考标准	实际测量	原因分析
长度	100mm		
宽度	100mm		
厚度	3mm		
单边坡口角度	90°		
对角线误差	1mm		
切割面粗糙度	0.2mm		
板变形量	无变形		

試 件 照 片

（2）试件装配

根据拟定工艺准备装配的工具与设备，完成试件装配操作，并检验合格。装配检验要求如表 4-3 所示。

表 4-3　装配检验要求

项目	参考标准	实际测量	原因分析
装配间隙	0～0.5mm		
变形	无		
错边	无		
焊缝区域的清理	20mm 范围内		
定位焊缝	每段长度小于等于 15mm		

装　配　照　片

（3）试件装夹

根据拟定工艺准备装夹的工具与设备，完成试件装夹操作，并检验合格。装夹检验要求如表 4-4 所示。

表 4-4　装夹检验要求

项目	参考标准	实际测量	原因分析
试件摆放位置	机器人的可达性好，空走行程短		
夹持位置	均匀分布，不阻碍焊枪行走		
紧固程度	牢靠，不松动		

装　夹　照　片

（4）机器人编程与焊接

根据拟定工艺准备机器人编程与焊接的工具与设备，完成机器人编程与焊接操作。

机器人示教照片

焊　接　照　片

（5）焊缝外观质量的检测

根据焊缝外观质量的要求，准备检测工具与设备，完成焊缝外观质量的检测操作。焊缝外观质量的检测要求及评分如表 4-5 所示。

表 4-5　焊缝外观质量的检测要求及评分

检测项目	参考标准	配分	检测结果	得分
焊脚尺寸	5～8mm	总分 15 分。5～6mm（包括 6mm）得 15 分，6～7mm（包括 7mm）得 10 分，7～8mm（包括 8mm）得 5 分，小于等于 5mm 或大于 8mm 得 0 分		
焊脚尺寸差	0～2mm	总分 10 分。0～1mm（包括 1mm）得 10 分，1～2mm（包括 2mm）得 5 分，大于 2mm 得 0 分		
焊缝凸度	-1～2mm	总分 10 分。-1～0mm（包括 0mm）得 10 分，0～1mm（包括 1mm）得 6 分，1～2mm（包括 2mm）得 2 分，小于等于 -1mm 或大于 2mm 得 0 分		
焊缝凸度差	0～2mm	总分 10 分。0～1mm（包括 1mm）得 10 分，1～2mm（包括 2mm）得 5 分，大于 2mm 得 0 分		
咬边	0～0.5mm	总分 10 分。咬边深度小于等于 0.5mm，每超出 0.2mm 扣 1 分；咬边深度大于 0.5mm 得 0 分		
裂纹	无裂纹	总分 5 分。有裂纹得 0 分		
夹渣	无夹渣	总分 5 分。有夹渣得 0 分		
表面气孔	无气孔	总分 5 分。有气孔得 0 分		
角变形	0°～1°	总分 5 分。大于 1° 得 0 分		

续表

检测项目	参考标准	配分	检测结果	得分
焊缝正面外观成形	焊纹均匀，细密、高低、宽窄一致	总分 15 分。焊纹均匀，细密、高低、宽窄一致得 15 分；焊纹较均匀，高低、宽窄良好得 10 分；焊纹、高低、宽窄一般得 5 分		
未熔合	无未熔合	总分 5 分。有未熔合得 0 分		
焊瘤	无焊瘤	总分 5 分。有焊瘤得 0 分		

4. 工艺优化

根据工艺实施的具体情况，并按照焊接质量的要求，对拟定工艺进行优化，修订完成最终的工艺文件。

（1）下料工艺

产品名称	试件名称	试件数量	试件示意图样

具体下料工艺：

编制		审核	

（2）装配工艺

产品名称	试件名称	试件数量	装配示意简图
具体装配工艺： 点焊工艺：			
编制		审核	

（3）装夹工艺

产品名称		装夹示意图
具体装夹工艺：		
编制		审核	

（4）机器人编程与焊接工艺

产品名称	
机器人编程与焊接工艺：	机器人程序文件：
	焊接工艺参数：
编制		审核	

4.3　任务小结

编制		审核	

4.4　项目评价

　　项目评价以自我评价和小组评价相结合的方式进行，指导教师根据项目评价和学生的学习成果进行综合评价。

1）根据任务完成的情况，检查任务完成的质量。

2）归纳总结编程与工艺操作的技术要点，并提出改进建议。

3）对优化的工艺进行综合论证。

碳钢薄板平角焊缝 90° 内拐角熔化极气体保护机器人焊接编程与工艺实训考核评价表如表 4-6 所示。

表 4-6　碳钢薄板平角焊缝 90° 内拐角熔化极气体保护机器人焊接编程与工艺实训考核评价表

班级：　　　　　第（　）小组　姓名：　　　　　时间：

评价模块	评价内容	分值	自我评价	小组评价
理论知识	1）了解安全文明生产操作规程	10		
	2）掌握对试件进行质量检测与评定的方法	10		
	3）了解机器人熔化极气体保护焊所用的设备	10		
操作技能	1）能正确识读焊接图样，按图样要求进行焊接材料、焊接设备及工具的选用	20		
	2）能对碳钢薄板平角焊缝 90° 内拐角熔化极气体保护机器人焊接所用的设备、工具和夹具进行安全检查和维护保养	20		
	3）能按照焊接技术要求，完成碳钢薄板平角焊缝 90° 内拐角熔化极气体保护机器人焊接工艺的制订，并完成编程与焊接操作和工艺的修订	20		
职业素养	1）具有质量意识、效率意识、环保意识，践行精益化生产管理理念	5		
	2）具有规范意识、团队意识、安全意识，严格按照操作规程作业	5		

综合评价：

导师或师傅签字：

直 击 工 考

一、单选题

为了确保安全，用示教编程器手动运行机器人时，机器人的最高速度限制为（　　　）mm/s。

　A．50　　　　　　　B．250　　　　　　　C．800　　　　　　　D．1600

二、多选题

焊接机器人开机前的检测工作是（　　　）。

　A．开机前必须进行设备点检，确认设备完好后方可开机操作

　B．检查和清理操作场地，确保无易燃物（如油抹布、废弃油手套、油漆、香蕉水等）且无漏气、漏水、漏电现象

　C．确保焊接机器人工作范围内无磁场（如磁铁）、无振动源

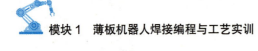

D．检查模具（工装）选择是否正确、模具（工装）安装是否到位

E．检查操作专场，确保遮光装置完好、到位，吸尘装置运作正常

三、简答题

碳钢薄板平角焊缝 90°内拐角焊接时，机器人通常采用什么姿态？为什么？

碳钢薄板平角焊缝90°外拐角熔化极气体保护机器人焊接编程与工艺实训

【核心概念】

焊接接头（welded joint）：焊件经焊接后所形成的结合部分，包括焊缝、熔合区和热影响区。

对接接头（butt joint）：两焊件表面构成大于等于135°、小于等于180°夹角的接头。

角接接头（corner joint）：两焊件端部构成大于30°、小于135°夹角的接头。

【学习目标】

1. 能按照安全文明生产操作规程的要求规范操作。
2. 能正确识读焊接图样，按图样要求进行焊接材料、焊接设备及工具的选用。
3. 能对碳钢薄板平角焊缝90°外拐角熔化极气体保护机器人焊接所用的设备、工具和夹具进行安全检查和维护保养。
4. 能按照焊接技术要求，完成碳钢薄板平角焊接90°外拐角熔化极气体保护机器人焊接工艺的制订，并完成编程与焊接操作。
5. 能对所焊试件进行质量检测与评定。

5.1 实训内容及技术要求

1. 实训内容

碳钢薄板平角焊缝90°外拐角熔化极气体保护机器人焊接的试件结构如图5-1所示。

1) 试件材料：$\delta = 3$mm 的 Q235 钢板，规格为 100mm×100mm×3mm（1 块）、80mm×80mm×3mm（2 块）。

图 5-1　平角焊缝 90° 外拐角的试件结构

2）接头形式：T 形接头 90° 外拐角。

3）坡口形式：I 形。

4）焊接位置：平位放置。

2. 技术要求

1）焊接方法：采用机器人熔化极气体保护焊接。

2）焊材：选用 $\phi1.0\text{mm}$ 的 H08Mn2SiA 焊丝，CO_2 作为保护气体。

3）成形要求：单面焊。

4）装配要求：自定。

5）焊缝外观质量要求：如表 5-1 所示。

表 5-1　焊缝外观质量要求

检查项目	质量要求	检查项目	质量要求
焊脚尺寸（k_1、k_2）	3～6mm	未焊透	不作要求
焊脚尺寸差	0～2mm	表面气孔	无气孔
焊缝凸度	−1～2mm	角变形	0°～1°
焊缝凸度差	0～2mm	焊缝正面外观成形	焊纹均匀、细密、高低、宽窄一致
咬边	0～0.5mm	未熔合	无未熔合
裂纹	无裂纹	焊瘤	无焊瘤
夹渣	无夹渣		

5.2　任务实施

1. 工艺分析

（1）试件焊接特点分析

1）采用机器人自动焊，对试件加工和装配的精度要求高，尺寸误差控制在 0.2mm 以内。

2）试件材料为 Q235 钢，属于常用低碳钢，焊接性良好，无须进行预热或后热处理等。

3）平对接单面焊，焊接过程中由于板厚较小，焊后易出现波浪变形，所以在装配定位及装夹试件时应考虑防止试件变形。

（2）试件焊接的重点和难点

1）重点：控制好下料精度、装配精度、装夹方式、示教点的位置和焊枪角度，以及设置焊接参数。

2）难点：机器人焊接时起、收弧的处理及焊缝成形的控制。

2. 拟定工艺

（1）下料工艺

为了确保机器人的焊接质量，试件的下料精度越高越好。对接I形接头，下料时应严格控制接头端面的垂直度和平整度（垂直度控制在 0°～1°范围内，平整度控制在 0.2mm以内）。按照现场生产条件尽可能选用高精度的自动下料方法（如激光切割、水射流切割或机加工等），并根据试件材料的性质、尺寸要求等拟定下料工艺。

拟定下料工艺：

产品名称	试件名称	试件数量	试件示意图样
具体下料工艺：			
编制		审核	

（2）装配工艺

装配前应检查接头表面，不得有裂纹、分层、夹杂等缺陷，应清除焊接接头两侧母材表面至少 20mm 范围内的氧化物、油污、熔渣及其他有害物质。对接接头的装配主要是确保两块板接头处的平整度，不要有错边。为了防止焊接变形，定位焊缝的位置除两端头点固外，也可以在焊缝长度上的中间位置加 1～2 点，定位焊缝长度一般为 10～15mm。定位焊缝的质量应与正规焊接时的质量要求相同，且要注意定位焊缝的成形对起、收弧的影响。

拟定装配工艺：

产品名称	试件名称	试件数量	装配示意简图
具体装配工艺： 点焊工艺：			
编制		审核	

（3）装夹工艺

试件的装夹除要考虑牢固性和防止变形外，还要注意夹具对机器人运行的阻碍，以及焊枪的可达性和焊接运行的顺畅性，并应综合考虑提高机器人焊接的效率。

拟定装夹工艺：

产品名称		装夹示意图
具体装夹工艺： 		
编制		审核	

（4）机器人编程与焊接工艺

1）根据被焊材料的性质和焊接要求，确定机器人焊接所用的设备。

2）试件为 3mm 厚的平对接接头，不要求焊透，根据焊缝尺寸与表面质量要求，直接采用单层单道焊完成。

3）为了保证焊缝成形美观，编程时可选用直线或直线摆动的焊接方式。

4）为了防止出现烧穿、咬边和焊瘤等缺陷，应控制焊接的热输入，宜选择低热输入量的焊接模式（如低飞溅或恒压等），并合理设置焊接相关参数，特别要注意焊枪摆动方式与焊接速度的匹配。

5）起弧处易出现焊缝熔合不良和堆高等现象，而收弧处易出现弧坑和烧穿等缺陷，编程时应合理设置起、收弧参数，并合理调整起、收弧时的焊枪角度及起、收弧时间，以保证起焊处的焊缝成形与熔合性和收弧处焊缝的饱满度。

6）为了保证机器人焊接的效率，编程时应尽量减少空走点和缩短空走行程，还要注意机器人焊接过程中的姿态。

拟定机器人编程与焊接工艺：

产品名称			
机器人编程与焊接工艺：		机器人程序文件：	
		焊接工艺参数：	
编制		审核	

3. 工艺实施

（1）备料

根据拟定工艺准备下料的工具与设备，完成试件下料操作，并检验合格。备料检验要求如表 5-2 所示。

表 5-2　备料检验要求

项目	参考标准	实际测量	原因分析
长度	100mm		
宽度	100mm		
厚度	3mm		
单边坡口角度	90°		
对角线误差	1mm		
切割面粗糙度	0.2mm		
板变形量	无变形		

试　件　照　片

（2）试件装配

根据拟定工艺准备装配的工具与设备，完成试件装配操作，并检验合格。装配检验要求如表 5-3 所示。

表 5-3　装配检验要求

项目	参考标准	实际测量	原因分析
装配间隙	0～0.5mm		
变形	无		
错边	无		
焊缝区域的清理	20mm 范围内		
定位焊缝	每段长度小于等于 15mm		

装　配　照　片

（3）试件装夹

根据拟定工艺准备装夹的工具与设备，完成试件装夹操作，并检验合格。装夹检验要求如表 5-4 所示。

表 5-4　装夹检验要求

项目	参考标准	实际测量	原因分析
试件摆放位置	机器人的可达性好，空走行程短		
夹持位置	均匀分布，不阻碍焊枪行走		
紧固程度	牢靠，不松动		

装　夹　照　片

（4）机器人编程与焊接

根据拟定工艺准备机器人编程与焊接的工具与设备，完成机器人编程与焊接操作。

机器人示教照片

焊　接　照　片

（5）焊缝外观质量的检测

根据焊缝外观质量的要求，准备检测工具与设备，完成焊缝外观质量的检测操作。焊缝外观质量的检测要求及评分如表 5-5 所示。

表 5-5　焊缝外观质量的检测要求及评分

检测项目	参考标准	配分	检测结果	得分
焊脚尺寸	3～6mm	总分 15 分。3～4mm（包括 4mm）得 15 分，4～5mm（包括 5mm）得 10 分，5～6mm（包括 6mm）得 5 分，小于等于 3mm 或大于 6mm 得 0 分		
焊脚尺寸差	0～2mm	总分 10 分。0～1mm（包括 1mm）得 10 分，1～2mm（包括 2mm）得 5 分，大于 2mm 得 0 分		
焊缝凸度	-1～2mm	总分 10 分。-1～0mm（包括 0mm）得 10 分，0～1mm（包括 1mm）得 6 分，1～2mm（包括 2mm）得 2 分，小于等于-1mm 或大于 2mm 得 0 分		
焊缝凸度差	0～2mm	总分 10 分。0～1mm（包括 1mm）得 10 分，1～2mm（包括 2mm）得 5 分，大于 2mm 得 0 分		
咬边	0～0.5mm	总分 10 分。咬边深度小于等于 0.5mm,每超出 0.2mm 扣 1 分；咬边深度大于 0.5mm 得 0 分		
裂纹	无裂纹	总分 5 分。有裂纹得 0 分		
夹渣	无夹渣	总分 5 分。有夹渣得 0 分		
表面气孔	无气孔	总分 5 分。有气孔得 0 分		
角变形	0°～1°	总分 5 分。大于 1°得 0 分		

续表

检测项目	参考标准	配分	检测结果	得分
焊缝正面外观成形	焊纹均匀，细密、高低、宽窄一致	总分 15 分。焊纹均匀，细密、高低、宽窄一致得 15 分；焊纹较均匀，高低、宽窄良好得 10 分；焊纹、高低、宽窄一般得 5 分		
未熔合	无未熔合	总分 5 分。有未熔合得 0 分		
焊瘤	无焊瘤	总分 5 分。有焊瘤得 0 分		

4. 工艺优化

根据工艺实施的具体情况，并按照焊接质量的要求，对拟定工艺进行优化，修订完成最终的工艺文件。

（1）下料工艺

产品名称	试件名称	试件数量	试件示意图样

具体下料工艺：

编制			审核	

（2）装配工艺

产品名称	试件名称	试件数量	装配示意简图
具体装配工艺： 点焊工艺：			
编制		审核	

（3）装夹工艺

产品名称		装夹示意图
具体装夹工艺：		
编制		审核

（4）机器人编程与焊接工艺

产品名称			
机器人编程与焊接工艺：		机器人程序文件：	
		焊接工艺参数：	
编制		审核	

5.3　任务小结

编制	审核

5.4　项目评价

项目评价以自我评价和小组评价相结合的方式进行，指导教师根据项目评价和学生的学习成果进行综合评价。

1）根据任务完成的情况，检查任务完成的质量。

2）归纳总结编程与工艺操作的技术要点，并提出改进建议。

3）对优化的工艺进行综合论证。

碳钢薄板平角焊缝 90°外拐角熔化极气体保护机器人焊接编程与工艺实训考核评价表如表 5-6 所示。

表 5-6　碳钢薄板平角焊缝 90°外拐角熔化极气体保护机器人焊接编程与工艺实训考核评价表

班级：　　　　　第（　）小组　姓名：　　　　　时间：

评价模块	评价内容	分值	自我评价	小组评价
理论知识	1）了解安全文明生产操作规程	10		
	2）掌握对试件进行质量检测与评定的方法	10		
	3）了解机器人熔化极气体保护焊所用的设备	10		
操作技能	1）能正确识读焊接图样，按图样要求进行焊接材料、焊接设备及工具的选用	20		
	2）能对碳钢薄板平角焊缝 90°外拐角熔化极气体保护机器人焊接所用的设备、工具和夹具进行安全检查和维护保养	20		
	3）能按照焊接技术要求，完成碳钢薄板平角焊缝 90°外拐角熔化极气体保护机器人焊接工艺的制订，并完成编程与焊接操作和工艺的修订	20		
职业素养	1）具有质量意识、效率意识、环保意识，践行精益化生产管理理念	5		
	2）具有规范意识、团队意识、安全意识，严格按照操作规程作业	5		

综合评价：

导师或师傅签字：

直 击 工 考

一、单选题

MIG 焊是使用焊丝作为熔化电极，并采用（　　　）作为保护气体的电弧焊方法。

A. Ar　　　　　　　B. N_2　　　　　　　C. He　　　　　　　D. CO_2

二、多选题

机器人进行示教时，为了防止机器人的异常动作对操作人员造成危险，作业前必须进行的项目检查有（　　　）。

A. 机器人外部电缆线外皮有无破损　　　　B. 机器人有无动作异常

C. 机器人制动装置是否有效　　　　　　　D. 机器人紧急停止装置是否有效

三、简答题

碳钢薄板平角焊缝 90°外拐角焊接时需要注意哪些安全事项？

中厚板机器人焊接
编程与工艺实训

【模块导读】

按钢板厚度，中厚板是指厚度为 4.5～25.0mm 的钢板。本模块选用碳钢中厚板作为原材料（母材），按不同的坡口和接头形式设置了碳钢中厚板开 V 形坡口平对接焊缝熔化极气体保护机器人焊接编程与工艺实训、碳钢中厚板开单 V 形坡口平角焊缝熔化极气体保护机器人焊接编程与工艺实训、碳钢中厚板端接平位焊缝熔化极气体保护机器人焊接编程与工艺实训、碳钢中厚板端接立位焊缝熔化极气体保护机器人焊接编程与工艺实训、碳钢中厚板平角焊缝熔化极气体保护机器人焊接编程与工艺实训、碳钢中厚板平角焊缝 90°内拐角熔化极气体保护机器人焊接编程与工艺实训、碳钢中厚板平角焊缝 90°外拐角熔化极气体保护机器人焊接编程与工艺实训 7 个实训项目。

【模块目标】

通过相应的机器人焊接编程与工艺训练，并结合 1+X、职业道德和素质要求进行过程考核与评价，全面提高操作技能、工艺编制能力及职业素养。

碳钢中厚板开 V 形坡口平对接焊缝熔化极气体保护机器人焊接编程与工艺实训

【核心概念】

对接焊缝（butt weld）：在焊件的坡口面间或一零件的坡口面与另一零件表面间焊接的焊缝。

角焊缝（fillet weld）：沿两直交或近直交零件的交线所焊接的焊缝。

搭接焊缝（lap weld）：两零件端部重叠构成的焊缝。

【学习目标】

1. 能按照安全文明生产操作规程的要求规范操作。
2. 能正确识读焊接图样，按图样要求进行焊接材料、焊接设备及工具的选用。
3. 能对碳钢中厚板开 V 形坡口平对接焊缝熔化极气体保护机器人焊接所用的设备、工具和夹具进行安全检查和维护保养。
4. 能按照焊接技术要求，完成碳钢中厚板开 V 形坡口平对接焊缝熔化极气体保护机器人焊接工艺的制订，并完成编程与焊接操作。
5. 能对所焊试件进行质量检测与评定。

6.1 实训内容及技术要求

1. 实训内容

碳钢中厚板开 V 形坡口平对接焊缝熔化极气体保护机器人焊接的试件结构如图 6-1 所示。

1) 试件材料：$\delta = 10mm$ 的 Q235 钢板，规格为 300mm×125mm×10mm（2 块）。

图 6-1　开 V 形坡口平对接焊缝的试件结构

2）接头形式：平对接。

3）坡口形式：60°V 形。

4）焊接位置：水平放置。

2. 技术要求

1）焊接方法：采用机器人熔化极气体保护焊接。

2）焊材：选用 ϕ1.2mm 的 H08Mn2SiA 焊丝，CO_2 作为保护气体。

3）成形要求：单面焊双面成形。

4）装配要求：自定。

5）焊缝外观质量要求：如表 6-1 所示。

表 6-1　焊缝外观质量要求

检查项目	质量要求	检查项目	质量要求
焊缝余高	0～2mm	未焊透	无未焊透
焊缝余高差	0～2mm	背面焊缝凹陷	无凹陷
焊缝宽度	17～20mm	错边量	小于等于 0.3mm
焊缝宽窄差	0～2mm	角变形	0°～1°
咬边	无咬边	焊缝正面外观成形	焊纹均匀、细密、高低、宽窄一致
裂纹	无裂纹	未熔合	无未熔合
夹渣	无夹渣	焊瘤	无焊瘤
表面气孔	无气孔		

6）焊缝内部质量要求：超声波探伤 1 级。

6.2　任务实施

1. 工艺分析

（1）试件焊接特点分析

1）采用机器人自动焊，对试件加工和装配的精度要求高。

2）试件材料为 Q235 钢，属于常用低碳钢，焊接性良好，无须进行预热或后热处理等。

3）板材厚度为 10mm，属于中厚板，焊接过程中由于厚度方向受热不均衡，焊后容易出现角变形，所以在装配定位及装夹试件时应考虑防止试件变形。

4）焊缝要求单面焊双面成形，所以对装配的间隙和钝边，以及各层焊缝的焊接工艺参数的设定都有较高的要求。

（2）试件焊接的重点和难点

1）重点：下料精度、装配精度、装夹方式、示教点的位置和焊枪角度、各层焊缝的焊接工艺参数。

2）难点：机器人焊接时起、收弧的处理及焊接过程中摆动参数与焊接速度的匹配。

2. 拟定工艺

（1）下料工艺

由于试件是由两块尺寸一致的 10mm 厚的碳钢板组对而成的，所以这两个试件的下料工艺相同。为了确保机器人的焊接质量，试件的下料精度越高越好。应根据现场生产条件尽可能选用高精度的自动下料方法（如激光切割、水射流切割或铣削加工等），并根据试件材料的性质、尺寸要求等拟定下料工艺。

拟定下料工艺：

产品名称	试件名称	试件数量	试件示意图样
具体下料工艺：			
编制		审核	

（2）装配工艺

装配预留间隙的目的是保证焊透，而钝边的目的是防止烧穿。为了焊接时更好地达到单面焊双面成形，要综合考虑装配间隙和钝边的搭配。同时，为了防止焊接变形，定位焊缝的质量和试件反变形的预设也是要考虑的。另外，还要注意定位焊缝的成形对起、收弧的影响。

拟定装配工艺：

产品名称	试件名称	试件数量	装配示意简图
具体装配工艺： 点焊工艺：			
编制		审核	

（3）装夹工艺

试件的装夹除要考虑牢固性和防止变形外，还要注意夹具对机器人运行的阻碍，以及焊枪的可达性和焊接运行的顺畅性，并应综合考虑提高机器人焊接的效率。

拟定装夹工艺：

产品名称	装夹示意图
具体装夹工艺： 	
编制	审核

（4）机器人编程与焊接工艺

1）根据被焊材料的性质和焊接要求，确定机器人焊接所用的设备。

2）试件厚度为 10mm，宜选用多层单道焊。

3）平对接直焊缝，编程时应选用直线摆动的插补方式。

4）打底层焊缝要求单面焊双面成形，易产生烧穿、未熔合等缺陷，应控制焊接的热输入量，宜选择低热输入量的焊接模式（如低飞溅或恒压等），并合理设置焊接相关参数，特别要注意焊枪摆动方式与焊接速度的匹配。

5）起弧处易出现焊缝熔合不良和堆高等现象，而收弧处易出现弧坑和烧穿等缺陷，编程时应合理设置起、收弧参数，并合理调整起、收弧时的焊枪角度，以保证起焊处的熔合性和收弧处焊缝的饱满度。

6）填充层属于焊缝过渡层，要注意控制层间的熔合性和焊道的厚度，保证焊缝内部质量和为盖面层焊缝的焊接做好准备。

7）盖面层焊缝易出现咬边和成形不良等缺陷，应合理设置焊接相关参数和焊枪的摆动方式。

8）为了保证机器人焊接的效率，编程时应尽量减少空走点和缩短空走行程，还要注意机器人焊接过程中的姿态。

拟定机器人编程与焊接工艺：

产品名称	
机器人编程与焊接工艺：	机器人程序文件：
	焊接工艺参数：
编制	审核

3．工艺实施

（1）备料

根据拟定工艺准备下料的工具与设备，完成试件下料操作，并检验合格。备料检验要求如表 6-2 所示。

表 6-2　备料检验要求

项目	参考标准	实际测量	原因分析
长度	300mm		
宽度	125mm		
厚度	10mm		
单边坡口角度	30°		
对角线误差	1mm		
切割面粗糙度	50μm		
板变形量	无变形		

试 件 照 片

（2）试件装配

根据拟定工艺准备装配的工具与设备，完成试件装配操作，并检验合格。装配检验要求如表 6-3 所示。

表 6-3　装配检验要求

项目	参考标准	实际测量	原因分析
装配间隙	0～0.5mm		
变形	无		
错边	无		
焊缝区域的清理	20mm 范围内		
定位焊缝	单面焊双面成形，长度为 10mm		

装 配 照 片

（3）试件装夹

根据拟定工艺准备装夹的工具与设备，完成试件装夹操作，并检验合格。装夹检验要求如表 6-4 所示。

表 6-4　装夹检验要求

项目	参考标准	实际测量	原因分析
试件摆放位置	机器人的可达性好，空走行程短		
夹持位置	均匀分布，不阻碍焊枪行走		
紧固程度	牢靠，不松动		

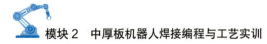

装　夹　照　片

（4）机器人编程与焊接

根据拟定工艺准备机器人编程与焊接的工具与设备，完成机器人编程与焊接操作。

机器人示教照片

焊　接　照　片

（5）焊缝外观质量的检测

根据焊缝外观质量的要求，准备检测工具与设备，完成焊缝外观质量的检测操作。焊缝外观质量的检测要求及评分如表 6-5 所示。

表 6-5　焊缝外观质量的检测要求及评分

检测项目	参考标准	配分	检测结果	得分
焊缝余高	0～3mm	总分 10 分。0～1mm（包括 1mm）得 10 分，1～2mm（包括 2mm）得 6 分，2～3mm（包括 3mm）得 2 分，大于 3mm 得 0 分		
焊缝余高差	0～2mm	总分 10 分。小于等于 1mm 得 10 分，1～2mm（包括 2mm）得 5 分，大于 2mm 得 0 分		
焊缝宽度	17～20mm	总分 10 分。17～18mm（包括 18mm）得 10 分，18～19mm（包括 19mm）得 6 分，19～20mm（包括 20mm）得 5 分，小于等于 17mm 或大于 20mm 得 0 分		
焊缝宽窄差	0～2mm	总分 10 分。小于等于 1mm 得 10 分，1～2mm（包括 2mm）得 5 分，大于 2mm 得 0 分		
咬边	无咬边	总分 10 分。咬边深度小于 0.5mm，每超出 0.2mm 扣 1 分；咬边深度大于 0.5mm 得 0 分		
裂纹	无裂纹	总分 5 分。有裂纹得 0 分		
夹渣	无夹渣	总分 5 分。有夹渣得 0 分		
表面气孔	无气孔	总分 5 分。有气孔得 0 分		
未焊透	无未焊透	总分 5 分。有未焊透得 0 分		
背面焊缝凹陷	无凹陷	总分 5 分。有凹陷得 0 分		
错边量	小于等于 0.3mm	总分 5 分。大于 0.3mm 得 0 分		

续表

检测项目	参考标准	配分	检测结果	得分
角变形	0°~1°	总分 5 分。大于 1°得 0 分		
焊缝正面外观成形	焊纹均匀，细密、高低、宽窄一致	总分 5 分。焊纹均匀，细密、高低、宽窄一致得 5 分；焊纹较均匀，高低、宽窄良好得 3 分；焊纹、高低、宽窄一般得 1 分		
未熔合	无未熔合	总分 5 分。有未熔合得 0 分		
焊瘤	无焊瘤	总分 5 分。有焊瘤得 0 分		

（6）焊缝内部质量的检测

根据焊缝内部质量的要求，准备检测工具与设备，完成焊缝内部质量的检测操作。焊缝内部质量的检测要求如表 6-6 所示。

表 6-6　焊缝内部质量的检测要求

检测项目	参考标准	检测结果	备注
焊缝内部质量	超声波探伤 1 级		

4. 工艺优化

根据工艺实施的具体情况，并按照焊接质量的要求，对拟定工艺进行优化，修订完成最终的工艺文件。

（1）下料工艺

产品名称	试件名称	试件数量	试件示意图样
具体下料工艺：			
编制		审核	

实训项目 6　碳钢中厚板开 V 形坡口平对接焊缝熔化极气体保护机器人焊接编程与工艺实训

（2）装配工艺

产品名称	试件名称	试件数量	装配示意简图
具体装配工艺： 点焊工艺：			
编制		审核	

（3）装夹工艺

产品名称		装夹示意图
具体装夹工艺： 		
编制		审核	

（4）机器人编程与焊接工艺

产品名称	
机器人编程与焊接工艺：	机器人程序文件：
	焊接工艺参数：
编制	审核

6.3　任务小结

编制	审核

6.4　项目评价

项目评价以自我评价和小组评价相结合的方式进行，指导教师根据项目评价和学生的学习成果进行综合评价。

1）根据任务完成的情况，检查任务完成的质量。

2）归纳总结编程与工艺操作的技术要点，并提出改进建议。

3）对优化的工艺进行综合论证。

碳钢中厚板开 V 形坡口平对接焊缝熔化极气体保护机器人焊接编程与工艺实训考核评价表如表 6-7 所示。

表 6-7　碳钢中厚板开 V 形坡口平对接焊缝熔化极气体保护机器人焊接编程与工艺实训考核评价表

班级：　　　　第（　）小组　　姓名：　　　　时间：

评价模块	评价内容	分值	自我评价	小组评价
理论知识	1）了解安全文明生产操作规程	10		
	2）掌握对试件进行质量检测与评定的方法	10		
	3）了解机器人熔化极气体保护焊所用的设备	10		
操作技能	1）能正确识读焊接图样，按图样要求进行焊接材料、焊接设备及工具的选用	20		
	2）能对碳钢中厚板开 V 形坡口平对接焊缝熔化极气体保护机器人焊接所用的设备、工具和夹具进行安全检查和维护保养	20		
	3）能按照焊接技术要求，完成碳钢中厚板开 V 形坡口平对接焊缝熔化极气体保护机器人焊接工艺的制订，并完成编程与焊接操作	20		
职业素养	1）具有质量意识、效率意识、环保意识，践行精益化生产管理理念	5		
	2）具有规范意识、团队意识、安全意识，严格按照操作规程作业	5		

综合评价：

导师或师傅签字：

直 击 工 考

一、单选题

1. 在送丝机的检查中发现送丝轮磨损非常严重，发生变形，这时应该（　　）。

    A. 更换送丝轮　　　　　　　　B. 清理丝轮槽油污和金属屑

    C. 清理中心管　　　　　　　　D. 清扫送丝机

2. 用焊接方法连接的接头称为焊接接头，它包括（　　）。

    A. 焊缝　　　　B. 熔合区　　　　C. 热影响区　　　　D. 加热区

二、简答题

碳钢中厚板开 V 形坡口平对接焊缝焊接时，抑制角变形的措施有哪些？

碳钢中厚板开单 V 形坡口平角焊缝熔化极气体保护机器人焊接编程与工艺实训

【核心概念】

弧焊机器人（arc welding robot）：可以施行电弧作为热源操作的焊接机器人。

控制系统（control system）：一套具有逻辑控制和动力功能的系统，能控制和监测机器人机械结构并与环境（设备和使用者）进行通信。

【学习目标】

1. 能按照安全文明生产操作规程的要求规范操作。
2. 能正确识读焊接图样，按图样要求进行焊接材料、焊接设备及工具的选用。
3. 能对碳钢中厚板开单 V 形坡口平角焊缝熔化极气体保护机器人焊接所用的设备、工具和夹具进行安全检查和维护保养。
4. 能按照焊接技术要求，完成碳钢中厚板开单 V 形坡口平角焊缝熔化极气体保护机器人焊接工艺的制订，并完成编程与焊接操作。
5. 能对所焊试件进行质量检测与评定。

7.1 实训内容及技术要求

1. 实训内容

碳钢中厚板开单 V 形坡口平角焊缝熔化极气体保护机器人焊接的试件结构如图 7-1 所示。

1）试件材料：δ =10mm 的 Q235 钢板，规格为立板 250mm×125mm×10mm（1 块）、底板 250mm×200mm×10mm（1 块）。

图 7-1　开单 V 形坡口平角焊缝的试件结构

2）接头形式：T 形接头。

3）坡口形式：立板 45°V 形。

4）焊接位置：水平放置。

2. 技术要求

1）焊接方法：采用机器人熔化极气体保护焊接。

2）焊材：选用 ϕ1.2mm 的 H08Mn2SiA 焊丝，CO_2 作为保护气体。

3）成形要求：单面焊双面成形。

4）装配要求：自定。

5）焊缝外观质量要求：如表 7-1 所示。

表 7-1　焊缝外观质量要求

检查项目	质量要求	检查项目	质量要求
焊脚尺寸	10～13mm	未焊透	无未焊透
焊脚高低差	0～2mm	背面焊缝凹陷	无凹陷
焊缝凸度	−1～2mm	错边量	小于等于 0.3mm
焊缝凸度差	0～2mm	角变形	0°～1°
咬边	无咬边	焊缝正面、背面外观成形	焊纹均匀，细密、高低、宽窄一致
裂纹	无裂纹	未熔合	无未熔合
夹渣	无夹渣	焊瘤	无焊瘤
表面气孔	无气孔		

6）焊缝内部质量要求：超声波探伤 1 级。

7.2　任务实施

1. 工艺分析

（1）试件焊接特点分析

1）采用机器人自动焊，对试件加工和装配的精度要求高。

2）试件材料为 Q235 钢，属于常用低碳钢，焊接性良好，无须进行预热或后热处理等。

3）T 形接头单面焊，焊接过程中由于立板两侧受热不均衡，焊后极易出现角变形，所以在装配定位及装夹试件时应考虑防止试件变形。

4）焊缝要求单面焊双面成形，所以对装配的间隙和钝边，以及各层焊缝的焊接工艺参数的设定都有较高的要求。

5）等厚板的 T 形接头，焊缝要求单面焊，两边焊脚的高度要保持一致，焊缝凸度要控制在−1～1mm，所以对示教点的位置及焊枪角度，以及各层焊缝的机器人焊接工艺参数的设定都有较高的要求。

6）角接平位焊缝，上焊趾易出现咬边，下焊趾易出现焊瘤，所以在示教编程时特别要注意示教点的位置和焊枪角度的设定，并合理匹配各层焊缝的机器人焊接工艺参数。

（2）试件焊接的重点和难点

1）重点：下料精度、装配精度、装夹方式、示教点的位置和焊枪角度、各层焊缝的焊接工艺参数。

2）难点：机器人焊接时起、收弧的处理，以及背面焊缝的成形和角焊缝两边焊脚尺寸的控制。

2. 拟定工艺

（1）下料工艺

为了确保机器人的焊接质量，试件的下料精度越高越好。立板开单边 45°坡口，应严格控制坡口尺寸和坡口面的加工质量。按照现场生产条件尽可能选用高精度的自动下料方法（如激光切割、水射流切割或铣削加工等），并根据试件材料的性质、尺寸要求等拟定下料工艺。

拟定下料工艺：

产品名称	试件名称	试件数量	试件示意图样
具体下料工艺：			
编制		审核	

（2）装配工艺

装配预留间隙的目的是保证焊透，而钝边的目的是防止烧穿。为了焊接时更好地达到单面焊双面成形，要综合考虑装配间隙和钝边的搭配。同时，为了防止焊接变形，定位焊缝的位置、数量和质量也都是要严格考虑的。另外，还要注意定位焊缝的成形对起、收弧的影响。

拟定装配工艺：

产品名称	试件名称	试件数量	装配示意简图
具体装配工艺： 点焊工艺：			
编制		审核	

（3）装夹工艺

试件的装夹除要考虑牢固性和防止变形外，还要注意夹具对机器人运行的阻碍，以及焊枪的可达性和焊接运行的顺畅性，并应综合考虑提高机器人焊接的效率。

拟定装夹工艺：

产品名称		装夹示意图
具体装夹工艺： 		
编制		审核

（4）机器人编程与焊接工艺

1）根据被焊材料的性质和焊接要求，确定机器人焊接所用的设备。

2）试件为 10mm 厚的 T 形接头，根据焊脚尺寸要求，可采用多层单道焊或多层多道焊的焊接形式。

3）直缝焊接，编程时可选用直线或直线摆动等插补方式。

4）打底层焊缝要求单面焊双面成形，易产生烧穿、未熔合等缺陷，应控制焊接的热输入量，宜选择低热输入量的焊接模式（如低飞溅或恒压等），并合理设置焊接相关参数，特别要注意焊枪摆动方式与焊接速度的匹配。

5）起弧处易出现焊缝熔合不良和堆高等现象，而收弧处易出现弧坑和烧穿等缺陷，编程时应合理设置起、收弧参数，并合理调整起、收弧时的焊枪角度，以保证起焊处的熔合性和收弧处焊缝的饱满度。

6）填充层属于焊缝过渡层，要注意控制层间的熔合性和焊道的厚度，保证焊缝内部质量和为盖面层焊缝的焊接做好准备。

7）中厚板角接盖面层焊缝焊接时，上焊趾易咬边，下焊趾易出现焊瘤，编程时应合理设置焊枪的摆动方式和焊接相关参数。

8）为了保证机器人焊接的效率，编程时应尽量减少空走点和缩短空走行程，还要注意机器人焊接过程中的姿态。

拟定机器人编程与焊接工艺：

产品名称		
机器人编程与焊接工艺：	机器人程序文件：	
	焊接工艺参数：	
编制	审核	

3．工艺实施

（1）备料

根据拟定工艺准备下料的工具与设备，完成试件下料操作，并检验合格。备料检验要求如表 7-2 所示。

表 7-2　备料检验要求

项目	参考标准	实际测量	原因分析
长度	250mm		
宽度	200mm		
厚度	10mm		
单边坡口角度	30°		
对角线误差	1mm		
切割面粗糙度	50μm		
板变形量	无变形		

试 件 照 片

（2）试件装配

根据拟定工艺准备装配的工具与设备，完成试件装配操作，并检验合格。装配检验要求如表 7-3 所示。

表 7-3　装配检验要求

项目	参考标准	实际测量	原因分析
装配间隙	0～0.5mm		
变形	无		
错边	无		
焊缝区域的清理	20mm 范围内		
定位焊缝	单面焊双面成形，长度小于等于 15mm		

装　配　照　片

（3）试件装夹

根据拟定工艺准备装夹的工具与设备，完成试件装夹操作，并检验合格。装夹检验要求如表 7-4 所示。

表 7-4　装夹检验要求

项目	参考标准	实际测量	原因分析
试件摆放位置	机器人的可达性好，空走行程短		
夹持位置	均匀分布，不阻碍焊枪行走		
紧固程度	牢靠，不松动		

装　夹　照　片

（4）机器人编程与焊接

根据拟定工艺准备机器人编程与焊接的工具与设备，完成机器人编程与焊接操作。

机器人示教照片

焊　接　照　片

（5）焊缝外观质量的检测

根据焊缝外观质量的要求，准备检测工具与设备，完成焊缝外观质量的检测操作。焊缝外观质量的检测要求及评分如表 7-5 所示。

表 7-5　焊缝外观质量的检测要求及评分

检测项目	参考标准	配分	检测结果	得分
焊脚尺寸	10～13mm	总分 10 分。10～11mm（包括 11mm）得 10 分，11～12mm（包括 12mm）得 6 分，12～13mm（包括 13mm）得 5 分，小于等于 10mm 或大于 13mm 得 0 分		
焊脚高低差	0～2mm	总分 10 分。小于等于 1mm 得 10 分，1～2mm（包括 2mm）得 5 分，大于 2mm 得 0 分		
焊缝凸度	-1～2mm	总分 10 分。-1～0mm（包括 0mm）得 10 分，0～1mm（包括 1mm）得 6 分，1～2mm（包括 2mm）得 2 分，小于等于 -1mm 或大于 2mm 得 0 分		
焊缝凸度差	0～2mm	总分 10 分。小于等于 1mm 得 10 分，1～2mm（包括 2mm）得 5 分，大于 2mm 得 0 分		
咬边	无咬边	总分 10 分。咬边深度小于等于 0.5mm，每超出 0.2mm 扣 1 分；咬边深度大于 0.5mm 得 0 分		
裂纹	无裂纹	总分 5 分。有裂纹得 0 分		
夹渣	无夹渣	总分 5 分。有夹渣得 0 分		
表面气孔	无气孔	总分 5 分。有气孔得 0 分		
未焊透	无未焊透	总分 5 分。有未焊透得 0 分		
背面焊缝凹陷	无凹陷	总分 5 分。有凹陷得 0 分		
错边量	小于等于 0.3mm	总分 5 分。大于 0.3mm 得 0 分		

续表

检测项目	参考标准	配分	检测结果	得分
角变形	0°~1°	总分 5 分。大于 1°得 0 分		
焊缝正面外观成形	焊纹均匀,细密、高低、宽窄一致	总分 5 分。焊纹均匀,细密、高低、宽窄一致得 5 分;焊纹较均匀,高低、宽窄良好得 3 分;焊纹、高低、宽窄一般得 1 分		
未熔合	无未熔合	总分 5 分。有未熔合得 0 分		
焊瘤	无焊瘤	总分 5 分。有焊瘤得 0 分		

（6）焊缝内部质量的检测

根据焊缝内部质量的要求，准备检测工具与设备，完成焊缝内部质量的检测操作。焊缝内部质量的检测要求如表 7-6 所示。

表 7-6　焊缝内部质量的检测要求

检测项目	参考标准	检测结果	备注
焊缝内部质量	超声波探伤 1 级		

4. 工艺优化

根据工艺实施的具体情况，并按照焊接质量的要求，对拟定工艺进行优化，修订完成最终的工艺文件。

（1）下料工艺

产品名称	试件名称	试件数量	试件示意图样
具体下料工艺:			
编制		审核	

（2）装配工艺

产品名称	试件名称	试件数量	装配示意简图
具体装配工艺： 点焊工艺：			
编制		审核	

（3）装夹工艺

产品名称		装夹示意图
具体装夹工艺： 		
编制		审核	

（4）机器人编程与焊接工艺

产品名称	
机器人编程与焊接工艺：	机器人程序文件：
	焊接工艺参数：
编制		审核	

7.3　任务小结

编制		审核	

7.4　项目评价

　　项目评价以自我评价和小组评价相结合的方式进行，指导教师根据项目评价和学生的学习成果进行综合评价。

1）根据任务完成的情况，检查任务完成的质量。

2）归纳总结编程与工艺操作的技术要点，并提出改进建议。

3）对优化的工艺进行综合论证。

碳钢中厚板开单 V 形坡口平角焊缝熔化极气体保护机器人焊接编程与工艺实训考核评价表如表 7-7 所示。

表 7-7　碳钢中厚板开单 V 形坡口平角焊缝熔化极气体保护机器人焊接编程与工艺实训考核评价表

班级：　　　　第（　）小组　　姓名：　　　　时间：

评价模块	评价内容	分值	自我评价	小组评价
理论知识	1）了解安全文明生产操作规程	10		
	2）掌握对试件进行质量检测与评定的方法	10		
	3）了解机器人熔化极气体保护焊所用的设备	10		
操作技能	1）能正确识读焊接图样，按图样要求进行焊接材料、焊接设备及工具的选用	20		
	2）能对碳钢中厚板开单 V 形坡口平角焊缝熔化极气体保护机器人焊接所用的设备、工具和夹具进行安全检查和维护保养	20		
	3）能按照焊接技术要求，完成碳钢中厚板开单 V 形坡口平角焊缝熔化极气体保护机器人焊接工艺的制订，并完成编程与焊接操作和工艺的修订	20		
职业素养	1）具有质量意识、效率意识、环保意识，践行精益化生产管理理念	5		
	2）具有规范意识、团队意识、安全意识，严格按照操作规程作业	5		

综合评价：

导师或师傅签字：

直 击 工 考

一、单选题

1. 焊丝干伸长变长时，（　　　）。

　　A．熔深变浅　　　　　　　　　　B．易产生气孔

　　C．电弧稳定性变差　　　　　　　D．电流增大

2. 通常情况下，采用混合气体焊接（富氩焊接）低碳钢时，Ar 和 CO_2 的比例是（　　　）。

　　A．80：20　　　B．20：80　　　C．50：50　　　D．30：70

二、简答题

哪些不恰当的机器人焊接工艺规范设定会引起中厚板单 V 形坡口平角焊出现咬边缺陷？

碳钢中厚板端接平位焊缝熔化极气体保护机器人焊接编程与工艺实训

【核心概念】

机器人工作空间（robot working space）：手腕参考点所能掠过的空间，是由手腕各关节平移或旋转的区域附加于该手腕参考点的。机器人工作空间小于操作机所有活动部件所能掠过的空间。

机器人自由度（robot freedom）：工业机器人动作灵活性的尺度，一般以沿轴的直线移动和绕轴转动的数目表示（夹持器的动作不包括在内）。

【学习目标】

1. 能按照安全文明生产操作规程的要求规范操作。
2. 能正确识读焊接图样，按图样要求进行焊接材料、焊接设备及工具的选用。
3. 能对碳钢中厚板端接平位焊缝熔化极气体保护机器人焊接所用的设备、工具和夹具进行安全检查和维护保养。
4. 能按照焊接技术要求，完成碳钢中厚板端接平位焊缝熔化极气体保护机器人焊接工艺的制订，并完成编程与焊接操作。
5. 能对所焊试件进行质量检测与评定。

8.1 实训内容及技术要求

1. 实训内容

碳钢中厚板端接平位焊缝熔化极气体保护机器人焊接的试件结构如图 8-1 所示。

1）试件材料：$\delta=10\text{mm}$ 的 Q235 钢板，规格为 250mm×100mm×10mm（2 块）。

图 8-1　板端接平位焊缝的试件结构

2）接头形式：端接接头。

3）坡口形式：I 形。

4）焊接位置：水平放置。

2. 技术要求

1）焊接方法：采用机器人熔化极气体保护焊接。

2）焊材：选用 $\phi1.2mm$ 的 H08Mn2SiA 焊丝，CO_2 作为保护气体。

3）成形要求：单面焊。

4）装配要求：自定。

5）焊缝外观质量要求：如表 8-1 所示。

表 8-1　焊缝外观质量要求

检查项目	质量要求	检查项目	质量要求
焊脚尺寸	7～10mm	未焊透	不作要求
焊脚高低差	0～2mm	背面焊缝凹陷	不作要求
焊缝凸度	−1～2mm	错边量	小于等于 0.3mm
焊缝凸度差	0～2mm	角变形	0°～1°
咬边	无咬边	焊缝正面外观成形	焊纹均匀，细密、高低、宽窄一致
裂纹	无裂纹	未熔合	无未熔合
夹渣	无夹渣	焊瘤	无焊瘤
表面气孔	无气孔		

8.2　任务实施

1. 工艺分析

（1）试件焊接特点分析

1）采用机器人自动焊，对试件加工和装配的精度要求高。

2）试件材料为 Q235 钢，属于常用低碳钢，焊接性良好，无须进行预热或后热处理等。

3）端接角焊缝单面焊，焊接过程中由于板厚方向受热不均衡，焊后极易出现角变形，所以在装配定位及装夹试件时应考虑防止试件变形。

4）端接平位焊缝，上焊趾易出现咬边，下焊趾易出现焊瘤等缺陷，所以在示教编程时特别要注意示教点的位置和焊枪角度的设定，并合理匹配各层焊缝的机器人焊接工艺参数。

（2）试件焊接的重点和难点

1）重点：下料精度、装配精度、装夹方式、示教点的位置和焊枪角度、各层焊缝的焊接工艺参数。

2）难点：机器人焊接时起、收弧的处理及盖面焊缝的成形。

2. 拟定工艺

（1）下料工艺

为了确保机器人的焊接质量，试件的下料精度越高越好。端接接头，下料时应严格控制端口面的垂直度和坡口面的加工质量。按照现场生产条件尽可能选用高精度的自动下料方法（如激光切割、水射流切割或铣削加工等），并根据试件材料的性质、尺寸要求等拟定下料工艺。

拟定下料工艺：

产品名称	试件名称	试件数量	试件示意图样
具体下料工艺：			
编制		审核	

（2）装配工艺

端接接头的装配主要目的是确保两块板坡口面的垂直度。同时，为了防止焊接变形，定位焊缝的位置、数量和质量都是要严格考虑的。另外，还要注意定位焊缝的成形对起、收弧的影响。

拟定装配工艺：

产品名称	试件名称	试件数量	装配示意简图
具体装配工艺：			
点焊工艺：			
编制		审核	

（3）装夹工艺

试件的装夹除要考虑牢固性和防止变形外，还要注意夹具对机器人运行的阻碍，以及焊枪的可达性和焊接运行的顺畅性，并应综合考虑提高机器人焊接的效率。

拟定装夹工艺：

产品名称		装夹示意图
具体装夹工艺：		
编制		审核

（4）机器人编程与焊接工艺

1）根据被焊材料的性质和焊接要求，确定机器人焊接所用的设备。

2）试件为 10mm 厚的端接接头，不要求焊透，根据焊脚尺寸要求，可采用单层单道焊或多层多道焊的焊接形式。

3）直缝焊接，编程时可选用直线或直线摆动等插补方式。

4）为了防止出现烧穿及上焊趾咬边和下焊趾焊瘤等缺陷，应控制焊接的热输入量，宜选择低热输入量的焊接模式（如低飞溅或恒压等），并合理设置焊接相关参数，特别要注意焊枪摆动方式与焊接速度的匹配。

5）起弧处易出现焊缝熔合不良和堆高等现象，而收弧处易出现弧坑和烧穿等缺陷，编程时应合理设置起、收弧参数，并合理调整起、收弧时的焊枪角度，以保证起焊处的熔合性和收弧处焊缝的饱满度。

6）为了保证机器人焊接的效率，编程时应尽量减少空走点和缩短空走行程，还要注意机器人焊接过程中的姿态。

拟定机器人编程与焊接工艺：

产品名称		
机器人编程与焊接工艺：		机器人程序文件：
		焊接工艺参数：
编制		审核

3. 工艺实施

（1）备料

根据拟定工艺准备下料的工具与设备，完成试件下料操作，并检验合格。备料检验要求如表 8-2 所示。

表 8-2　备料检验要求

项目	参考标准	实际测量	原因分析
长度	250mm		
宽度	100mm		
厚度	10mm		
单边坡口角度	90°		
对角线误差	1mm		
切割面粗糙度	50μm		
板变形量	无变形		

试件照片

（2）试件装配

根据拟定工艺准备装配的工具与设备，完成试件装配操作，并检验合格。装配检验要求如表 8-3 所示。

表 8-3　装配检验要求

项目	参考标准	实际测量	原因分析
装配间隙	无		
反变形	无		
错边	无		
焊缝区域的清理	20mm 范围内		
定位焊缝	每段长度小于等于 15mm		

装　配　照　片

（3）试件装夹

根据拟定工艺准备装夹的工具与设备，完成试件装夹操作，并检验合格。装夹检验要求如表 8-4 所示。

表 8-4　装夹检验要求及评分

项目	参考标准	实际测量	原因分析
试件摆放位置	机器人的可达性好，空走行程短		
夹持位置	均匀分布，不阻碍焊枪行走		
紧固程度	牢靠，不松动		

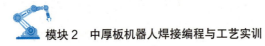
装 夹 照 片

（4）机器人编程与焊接

根据拟定工艺准备机器人编程与焊接的工具与设备，完成机器人编程与焊接操作。

机器人示教照片

焊　接　照　片

（5）焊缝外观质量的检测

根据焊缝外观质量的要求，准备检测工具与设备，完成焊缝外观质量的检测操作。焊缝外观质量的检测要求及评分如表 8-5 所示。

表 8-5　焊缝外观质量的检测要求及评分

检测项目	参考标准	配分	检测结果	得分
焊脚尺寸	7～10mm	总分 10 分。7～8mm（包括 8mm）得 10 分，8～9mm（包括 9mm）得 6 分，9～10mm（包括 10mm）得 5 分，小于等于 7mm 或大于 10mm 得 0 分		
焊脚高低差	0～2mm	总分 10 分。小于等于 1mm 得 10 分，1～2mm（包括 2mm）得 5 分，大于 2mm 得 0 分		
焊缝凸度	-1～2mm	总分 10 分。-1～0mm（包括 0mm）得 10 分，0～1mm（包括 1mm）得 6 分，1～2mm（包括 2mm）得 2 分，小于等于-1mm 或大于 2mm 得 0 分		
焊缝凸度差	0～2mm	总分 10 分。小于等于 1mm 得 10 分，1～2mm 得 5 分，大于 2mm 得 0 分		
咬边	无咬边	总分 10 分。咬边深度小于 0.5mm，每超出 0.2mm 扣 1 分；咬边深度大于 0.5mm 得 0 分		
裂纹	无裂纹	总分 5 分。有裂纹得 0 分		
夹渣	无夹渣	总分 5 分。有夹渣得 0 分		
表面气孔	无气孔	总分 5 分。有气孔得 0 分		
错边量	小于等于 0.3mm	总分 5 分。大于 0.3mm 得 0 分		
角变形	0°～1°	总分 5 分。大于 1°得 0 分		

续表

检测项目	参考标准	配分	检测结果	得分
焊缝正面外观成形	焊纹均匀，细密、高低、宽窄一致	总分 15 分。焊纹均匀，细密、高低、宽窄一致得 15 分；焊纹较均匀，高低、宽窄良好得 10 分；焊纹、高低、宽窄一般得 5 分		
未熔合	无未熔合	总分 5 分。有未熔合得 0 分		
焊瘤	无焊瘤	总分 5 分。有焊瘤得 0 分		

4. 工艺优化

根据工艺实施的具体情况，并按照焊接质量的要求，对拟定工艺进行优化，修订完成最终的工艺文件。

（1）下料工艺

产品名称	试件名称	试件数量	试件示意图样
具体下料工艺：			
编制		审核	

实训项目 8　碳钢中厚板端接平位焊缝熔化极气体保护机器人焊接编程与工艺实训

（2）装配工艺

产品名称	试件名称	试件数量	装配示意简图
具体装配工艺： 点焊工艺：			
编制		审核	

（3）装夹工艺

产品名称		装夹示意图
具体装夹工艺：		
编制		审核

（4）机器人编程与焊接工艺

产品名称	
机器人编程与焊接工艺：	机器人程序文件：
	焊接工艺参数：
编制	审核

8.3　任务小结

编制	审核

8.4　项目评价

　　项目评价以自我评价和小组评价相结合的方式进行，指导教师根据项目评价和学生的学习成果进行综合评价。

1）根据任务完成的情况，检查任务完成的质量。

2）归纳总结编程与工艺操作的技术要点，并提出改进建议。

3）对优化的工艺进行综合论证。

碳钢中厚板端接平位焊缝熔化极气体保护机器人焊接编程与工艺实训考核评价表如表 8-6 所示。

表 8-6　碳钢中厚板端接平位焊缝熔化极气体保护机器人焊接编程与工艺实训考核评价表

班级：　　　　第（ ）小组　姓名：　　　　时间：

评价模块	评价内容	分值	自我评价	小组评价
理论知识	1）了解安全文明生产操作规程	10		
	2）掌握对试件进行质量检测与评定的方法	10		
	3）了解机器人熔化极气体保护焊所用的设备	10		
操作技能	1）能正确识读焊接图样，按图样要求进行焊接材料、焊接设备及工具的选用	20		
	2）能对碳钢中厚板端接平位焊缝熔化极气体保护机器人焊接所用的设备、工具和夹具进行安全检查和维护保养	20		
	3）能按照焊接技术要求，完成碳钢中厚板端接平位焊缝熔化极气体保护机器人焊接工艺的制订，并完成编程与焊接操作和工艺的修订	20		
职业素养	1）具有质量意识、效率意识、环保意识，践行精益化生产管理理念	5		
	2）具有规范意识、团队意识、安全意识，严格按照操作规程作业	5		

综合评价：

导师或师傅签字：

直 击 工 考

一、单选题

1．正常联动生产时，机器人示教编程器上的安全模式不应该打到（　　）位置上。

　　A．操作模式　　　　B．编辑模式　　　C．管理模式　　　D．安全模式

2．前进法焊接是电弧推着熔池走，不直接作用在试件上，其焊道（　　）。

　　A．较窄　　　　　　B．余高较高　　　C．平而宽　　　　D．熔深较大

二、简答题

碳钢中厚板端接接头平位焊如何防止焊瘤？

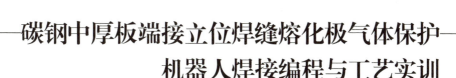

碳钢中厚板端接立位焊缝熔化极气体保护机器人焊接编程与工艺实训

【核心概念】

额定负载（rated load）：正常操作条件下作用于机械接口或移动平台且不会使机器人性能降低的最大负载，包括末端执行器、附件、工件的惯性作用力。

任务程序（task program）：为定义机器人或机器人系统特定的任务所编制的运动和辅助功能的指令集。

【学习目标】

1. 能按照安全文明生产操作规程的要求规范操作。
2. 能正确识读焊接图样，按图样要求进行焊接材料、焊接设备及工具的选用。
3. 能对碳钢中厚板端接立位焊缝熔化极气体保护机器人焊接所用的设备、工具和夹具进行安全检查和维护保养。
4. 能按照焊接技术要求，完成碳钢中厚板端接立位焊缝熔化极气体保护机器人焊接工艺的制订，并完成编程与焊接操作。
5. 能对所焊试件进行质量检测与评定。

9.1 实训内容及技术要求

1. 实训内容

碳钢中厚板端接立位焊缝熔化极气体保护机器人焊接的试件结构如图 9-1 所示。

1）试件材料：$\delta=10\text{mm}$ 的 Q235 钢板，规格为 250mm×100mm×10mm（2 块）。

图 9-1　板端接立位焊缝的试件结构

2）接头形式：端接接头。

3）坡口形式：I 形。

4）焊接位置：垂直放置。

2. 技术要求

1）焊接方法：采用机器人熔化极气体保护焊接。

2）焊材：选用 $\phi1.2mm$ 的 H08Mn2SiA 焊丝，CO_2 作为保护气体。

3）成形要求：单面焊。

4）装配要求：自定

5）焊缝外观质量要求：如表 9-1 所示。

表 9-1　焊缝外观质量要求

检查项目	质量要求	检查项目	质量要求
焊脚尺寸	7～10mm	未焊透	不作要求
焊脚高低差	0～2mm	背面焊缝凹陷	不作要求
焊缝凸度	-1～2mm	错边量	小于等于 0.3mm
焊缝凸度差	0～2mm	角变形	0°～1°
咬边	无咬边	焊缝正面外观成形	焊纹均匀，细密、高低、宽窄一致
裂纹	无裂纹	未熔合	无未熔合
夹渣	无夹渣	焊瘤	无焊瘤
表面气孔	无气孔		

9.2　任务实施

1. 工艺分析

（1）试件焊接特点分析

1）采用机器人自动焊，对试件加工和装配的精度要求高。

2）试件材料为 Q235 钢，属于常用低碳钢，焊接性良好，无须进行预热或后热处理等。

3）端接角焊缝单面焊，焊接过程中由于板厚方向受热不均衡，焊后极易出现角变形，所以在装配定位及装夹试件时应考虑防止试件变形。

4）端接立位焊缝，两边焊趾易出现咬边，中间焊缝易出现焊瘤等缺陷，所以在示教编程时特别要注意示教点的位置和焊枪角度的设定，并合理匹配各层焊缝的机器人焊接工艺参数。

（2）试件焊接的重点和难点

1）重点：下料精度、装配精度、装夹方式、示教点的位置和焊枪角度、各层焊缝的焊接工艺参数。

2）难点：机器人焊接时起、收弧的处理及盖面焊缝的成形。

2．拟定工艺

（1）下料工艺

为了确保机器人的焊接质量，零件的下料精度越高越好。端接接头，下料时应严格控制端口面的垂直度和坡口面的加工质量。按照现场生产条件尽可能选用高精度的自动下料方法（如激光切割、水射流切割或铣削加工等），并根据试件材料的性质、尺寸要求等拟定下料工艺。

拟定下料工艺：

产品名称	试件名称	试件数量	试件示意图样
具体下料工艺：			
编制		审核	

（2）装配工艺

端接接头装配的目的主要是确保两块板坡口面的垂直度。同时，为了防止焊接变形，定位焊缝的位置、数量和质量都是要严格考虑的。另外，还要注意定位焊缝的成形对起、收弧的影响。

拟定装配工艺：

产品名称	试件名称	试件数量	装配示意简图
具体装配工艺： 点焊工艺：			
编制		审核	

（3）装夹工艺

试件的装夹除要考虑牢固性和防止变形外，还要注意夹具对机器人运行的阻碍，以及焊枪的可达性和焊接运行的顺畅性，并应综合考虑提高机器人焊接的效率。

拟定装夹工艺：

产品名称	装夹示意图
具体装夹工艺： 	
编制	审核

（4）机器人编程与焊接工艺

1）根据被焊材料的性质和焊接要求，确定机器人焊接所用的设备。

2）试件为 10mm 厚的端接接头，不要求焊透，根据焊脚尺寸要求，可采用单层单道焊或多层单道焊的焊接形式。

3）立位直缝焊接，可采用向上焊或向下焊的焊接方式，编程时选用直线摆动的插补方式。

4）为了防止出现烧穿及咬边和焊瘤等缺陷，应控制焊接的热输入量，宜选择低热输入量的焊接模式（如低飞溅或恒压等），并合理设置焊接相关参数，特别要注意焊枪摆动方式与焊接速度的匹配。

5）起弧处易出现焊缝熔合不良和堆高等现象，而收弧处易出现弧坑和烧穿等缺陷，编程时应合理设置起、收弧参数，并合理调整起、收弧时的焊枪角度，以保证起焊处的熔合性和收弧处焊缝的饱满度。

6）为了保证机器人焊接的效率，编程时应尽量减少空走点和缩短空走行程，还要注意机器人焊接过程中的姿态。

拟定机器人编程与焊接工艺：

产品名称			
机器人编程与焊接工艺：		机器人程序文件：	
		焊接工艺参数：	
编制		审核	

3．工艺实施

（1）备料

根据拟定工艺准备下料的工具与设备，完成试件下料操作，并检验合格。备料检验要求如表 9-2 所示。

表 9-2　备料检验要求

项目	参考标准	实际测量	原因分析
长度	250mm		
宽度	100mm		
厚度	10mm		
单边坡口角度	90°		
对角线误差	1mm		
切割面粗糙度	50μm		
板变形量	无变形		

试 件 照 片

（2）试件装配

根据拟定工艺准备装配的工具与设备，完成试件装配操作，并检验合格。装配检验要求如表 9-3 所示。

表 9-3　装配检验要求

项目	参考标准	实际测量	原因分析
装配间隙	0～0.5mm		
反变形	无		
错边	无		
焊缝区域的清理	20mm 范围内		
定位焊缝	每段长度小于等于 15mm		

装　配　照　片

（3）试件装夹

根据拟定工艺准备装夹的工具与设备，完成试件装夹操作，并检验合格。装夹检验要求如表 9-4 所示。

表 9-4　装夹检验要求

项目	参考标准	实际测量	原因分析
试件摆放位置	机器人的可达性好，空走行程短		
夹持位置	均匀分布，不阻碍焊枪行走		
紧固程度	牢靠，不松动		

装 夹 照 片

（4）机器人编程与焊接

根据拟定工艺准备机器人编程与焊接的工具与设备，完成机器人编程与焊接操作。

机器人示教照片

焊　接　照　片

（5）焊缝外观质量的检测

根据焊缝外观质量的要求，准备检测工具与设备，完成焊缝外观质量的检测操作。焊缝外观质量的检测要求及评分如表 9-5 所示。

表 9-5　焊缝外观质量的检测要求及评分

检测项目	参考标准	配分	检测结果	得分
焊脚尺寸	7～10mm	总分 10 分。7～8mm（包括 8mm）得 10 分，8～9mm（包括 9mm）得 6 分，9～10mm（包括 10mm）得 5 分，小于等于 7mm 或大于 10mm 得 0 分		
焊脚高低差	0～2mm	总分 10 分。小于等于 1mm 得 10 分，1～2mm（包括 2mm）得 5 分，大于 2mm 得 0 分		
焊缝凸度	-1～2mm	总分 10 分。-1～0mm（包括 0mm）得 10 分，0～1mm（包括 1mm）得 6 分，1～2mm（包括 2mm）得 2 分，小于等于-1mm 或大于 2mm 得 0 分		
焊缝凸度差	0～2mm	总分 10 分。小于等于 1mm 得 10 分，1～2mm（包括 2mm）得 5 分，大于 2mm 得 0 分		
咬边	无咬边	总分 10 分。咬边深度小于等于 0.5mm，每超出 0.2mm 扣 1 分；咬边深度大于 0.5mm 得 0 分		
裂纹	无裂纹	总分 5 分。有裂纹得 0 分		
夹渣	无夹渣	总分 5 分。有夹渣得 0 分		
表面气孔	无气孔	总分 5 分。有气孔得 0 分		
错边量	小于等于 0.3mm	总分 5 分。大于 0.3mm 得 0 分		
角变形	0°～1°	总分 5 分。大于 1°得 0 分		

续表

检测项目	参考标准	配分	检测结果	得分
焊缝正面外观成形	焊纹均匀，细密、高低、宽窄一致	总分 15 分。焊纹均匀，细密、高低、宽窄一致得 15 分；焊纹较均匀，高低、宽窄良好得 10 分；焊纹、高低、宽窄一般得 5 分		
未熔合	无未熔合	总分 5 分。有未熔合得 0 分		
焊瘤	无焊瘤	总分 5 分。有焊瘤得 0 分		

4. 工艺优化

根据工艺实施的具体情况，并按照焊接质量的要求，对拟定工艺进行优化，修订完成最终的工艺文件。

（1）下料工艺

产品名称	试件名称	试件数量	试件示意图样
具体下料工艺：			
编制		审核	

（2）装配工艺

产品名称	试件名称	试件数量	装配示意简图

具体装配工艺：

点焊工艺：

编制		审核	

（3）装夹工艺

产品名称		装夹示意图
具体装夹工艺：		

编制		审核	

（4）机器人编程与焊接工艺

产品名称	
机器人编程与焊接工艺：	机器人程序文件：
	焊接工艺参数：
编制		审核	

9.3　任务小结

编制		审核	

9.4　项目评价

　　项目评价以自我评价和小组评价相结合的方式进行，指导教师根据项目评价和学生的学习成果进行综合评价。

　　1）根据任务完成的情况，检查任务完成的质量。

2）归纳总结编程与工艺操作的技术要点，并提出改进建议。

3）对优化的工艺进行综合论证。

碳钢中厚板端接立位焊缝熔化极气体保护机器人焊接编程与工艺实训考核评价表如表 9-6 所示。

表 9-6　碳钢中厚板端接立位焊缝熔化极气体保护机器人焊接编程与工艺实训考核评价表

班级：　　　　　第（　）小组　　　姓名：　　　　　时间：

评价模块	评价内容	分值	自我评价	小组评价
理论知识	1）了解安全文明生产操作规程	10		
	2）掌握对试件进行质量检测与评定的方法	10		
	3）了解机器人熔化极气体保护焊所用的设备	10		
操作技能	1）能正确识读焊接图样，按图样要求进行焊接材料、焊接设备及工具的选用	20		
	2）能对碳钢中厚板端接立位焊缝熔化极气体保护机器人焊接所用的设备、工具和夹具进行安全检查和维护保养	20		
	3）能按照焊接技术要求，完成碳钢中厚板端接立位焊缝熔化极气体保护机器人焊接工艺的制订，并完成编程与焊接操作和工艺的修订	20		
职业素养	1）具有质量意识、效率意识、环保意识，践行精益化生产管理理念	5		
	2）具有规范意识、团队意识、安全意识，严格按照操作规程作业	5		

综合评价：

导师或师傅签字：

直 击 工 考

一、单选题

机器人进行焊接作业时，一般应保持焊枪工具 Z 轴方向与试件表面保持（　　）。

　　A. 45°　　　　　B. 平行　　　　　C. 垂直　　　　　D. 任意角度

二、多选题

机器人焊接的主要参数有（　　）。

　　A. 焊接电流　　　　　　　　B. 焊接电压

　　C. 焊丝干伸长度　　　　　　D. 焊接速度

　　E. 焊接尺寸　　　　　　　　F. 焊接材料

三、简答题

碳钢中厚板端接接头立位焊时，机器人通常采用什么焊接姿态？为什么？

碳钢中厚板平角焊缝熔化极气体保护机器人焊接编程与工艺实训

【核心概念】

焊接机器人示教（welding robot teaching）：操作者通过手把手控制示教器或控制键盘等方式导引机器人进行一次操作，从而使机器人控制器内自动生成一个进行这项焊接操作的执行程序。

示教编程（teach programming）：通过手工引导机器人末端执行器，或手工引导一个机械模拟装置，或使用示教盒来移动机器人逐步通过期望位置的方式实现编程。

【学习目标】

1. 能按照安全文明生产操作规程的要求规范工作。
2. 能正确识读焊接图样，按图样要求进行焊接材料、焊接设备及工具的选用。
3. 能对碳钢中厚板平角焊缝熔化极气体保护机器人焊接所用的设备、工具和夹具进行安全检查和维护保养。
4. 能按照焊接技术要求，完成碳钢中厚板平角焊缝熔化极气体保护机器人焊接工艺的制订，并完成编程与焊接操作。
5. 能对所焊试件进行质量检测与评定。

10.1 实训内容及技术要求

1. 实训内容

碳钢中厚板平角焊缝熔化极气体保护机器人焊接的试件结构如图 10-1 所示。

1）试件材料：$\delta = 10$mm 的 Q235 钢板，规格为立板 250mm×125mm×10mm（1 块）、底板 250mm×200mm×10mm（1 块）。

2）接头形式：T 形接头。

3）坡口形式：I 形。

图 10-1　平角焊缝的试件结构

4）焊接位置：水平放置。

2. 技术要求

1）焊接方法：采用机器人熔化极气体保护焊接。

2）焊材：选用 $\phi1.2$mm 的 H08Mn2SiA 焊丝，CO_2 作为保护气体。

3）成形要求：单面焊。

4）装配要求：自定。

5）焊缝外观质量要求：如表 10-1 所示。

表 10-1　焊缝外观质量要求

检查项目	质量要求	检查项目	质量要求
焊脚尺寸	10～13mm	未焊透	不作要求
焊脚高低差	0～2mm	背面焊缝凹陷	不作要求
焊缝凸度	−1～2mm	错边量	小于等于 0.3mm
焊缝凸度差	0～2mm	角变形	0°～1°
咬边	无咬边	焊缝正面外观成形	焊纹均匀，细密、高低、宽窄一致
裂纹	无裂纹	未熔合	无未熔合
夹渣	无夹渣	焊瘤	无焊瘤
表面气孔	无气孔		

10.2　任务实施

1. 工艺分析

（1）试件焊接特点分析

1）采用机器人自动焊，对试件加工和装配的精度要求高。

2）试件材料为 Q235 钢，属于常用低碳钢，焊接性良好，无须进行预热或后热处理等。

3）T 形接头单面焊，焊接过程中由于立板两侧受热不均衡，焊后极易出现角变形，所以在装配定位及装夹试件时应考虑防止试件变形。

4）等厚板的 T 形接头，焊缝要求单面焊，两边焊脚的高度要保持一致，焊缝凸度要控制在 −1～1mm，所以对示教点的位置及焊枪角度，以及各层焊缝的机器人焊接工艺参数的设定都有较高的要求。

5）角接平位焊缝，上焊趾易出现咬边，下焊趾易出现焊瘤等缺陷，所以在示教编程时特别要注意示教点的位置和焊枪角度的设定，并合理匹配各层焊缝的机器人焊接工艺参数。

（2）试件焊接的重点和难点

1）重点：下料精度、装配精度、装夹方式、示教点的位置和焊枪角度、各层焊缝的机器人焊接工艺参数。

2）难点：机器人焊接时起、收弧的处理，以及角焊缝两边焊脚尺寸的控制。

2. 拟定工艺

（1）下料工艺

为了确保机器人的焊接质量，试件的下料精度越高越好。I 形坡口，应严格控制坡口面的垂直度及表面加工质量。按照现场生产条件尽可能选用高精度的自动下料方法（如激光切割、水射流切割等），并根据试件材料的性质、尺寸要求等拟定下料工艺。

拟定下料工艺：

产品名称	试件名称	试件数量	试件示意图样
具体下料工艺：			
编制		审核	

（2）装配工艺

T 形接头的装配主要是确保两块板面的垂直度。同时，为了防止焊接变形，定位焊缝的位置、数量和质量也是要严格考虑的。另外，还要注意定位焊缝的成形对起、收弧的影响。

拟定装配工艺：

产品名称	试件名称	试件数量	装配示意简图
具体装配工艺：			
点焊工艺：			
编制		审核	

（3）装夹工艺

试件的装夹除要考虑牢固性和防止变形外，还要注意夹具对机器人运行的阻碍，以及焊枪的可达性和焊接运行的顺畅性，并应综合考虑提高机器人焊接的效率。

拟定装夹工艺：

产品名称		装夹示意图
具体装夹工艺：		
编制		审核

（4）机器人编程与焊接工艺

1）根据被焊材料的性质和焊接要求，确定机器人焊接所用的设备。

2）试件为 10mm 厚的 T 形接头，根据焊脚尺寸的要求，可采用多层单道焊或多层多道焊的焊接形式。

3）直缝焊接，编程时可选用直线或直线摆动等插补方式。

4）焊缝起弧处易出现焊缝熔合不良和堆高等现象，而收弧处易出现弧坑和烧穿等缺陷，编程时应合理设置起、收弧参数，并合理调整起、收弧时的焊枪角度，以保证起焊处的熔合性和收弧处焊缝的饱满度。

5）中厚板角接盖面层焊缝焊接时，上焊趾易出现咬边，下焊趾易出现焊瘤等缺陷，在示教编程时应合理设置焊枪的摆动方式和焊接相关参数。

6）为了保证机器人焊接的效率，编程时应尽量减少空走点和缩短空走行程，还要注意机器人焊接过程中的姿态。

拟定机器人编程与焊接工艺：

产品名称			
机器人编程与焊接工艺：		机器人程序文件：	
		焊接工艺参数：	
编制		审核	

3．工艺实施

（1）备料

根据拟定工艺准备下料的工具与设备，完成试件下料操作，并检验合格。备料检验要求如表 10-2 所示。

表 10-2　备料检验要求

试件名称	项目	参考标准	实际测量	原因分析
立板	长度	250mm		
	宽度	125mm		
	厚度	10mm		
	单边坡口角度	90°		
	对角线误差	1mm		
	切割面粗糙度	50μm		
	板变形量	无变形		
底板	长度	250mm		
	宽度	200mm		
	厚度	10mm		
	单边坡口角度	90°		
	对角线误差	1mm		
	切割面粗糙度	50μm		
	板变形量	无变形		

试 件 照 片

（2）试件装配

根据拟定工艺准备装配的工具与设备，完成试件装配操作，并检验合格。装配检验要求如表 10-3 所示。

表 10-3　装配检验要求

项目	参考标准	实际测量	原因分析
装配间隙	0～0.5mm		
反变形	无		
错边	无		
焊缝区域的清理	20mm 范围内		
定位焊缝	每段长度小于等于 15mm		

装　配　照　片

（3）试件装夹

根据拟定工艺准备装夹的工具与设备，完成试件装夹操作，并检验合格。装夹检验要求如表 10-4 所示。

表 10-4　装夹检验要求

项目	参考标准	实际测量	原因分析
试件摆放位置	机器人的可达性好，空走行程短		
夹持位置	均匀分布，不阻碍焊枪行走		
紧固程度	牢靠，不松动		

装　夹　照　片

（4）机器人编程与焊接

根据拟定工艺准备机器人编程与焊接的工具与设备，完成机器人编程与焊接操作。

机器人示教照片

焊　接　照　片

（5）焊缝外观质量的检测

根据焊缝外观质量的要求，准备检测工具与设备，完成焊缝外观质量的检测操作。焊缝外观质量的检测要求及评分如表 10-5 所示。

表 10-5　焊缝外观质量的检测要求及评分

检测项目	参考标准	配分	检测结果	得分
焊脚尺寸	10～13mm	总分 10 分。10～11mm（包括 11mm）得 10 分，11～12mm（包括 12mm）得 6 分，12～13mm（包括 13mm）得 5 分，小于等于 10mm 或大于 13mm 得 0 分		
焊脚高低差	0～2mm	总分 10 分。小于等于 1mm 得 10 分，1～2mm（包括 2mm）得 5 分，大于 2mm 得 0 分		
焊缝凸度	-1～2mm	总分 10 分。-1～0mm（包括 0mm）得 10 分，0～1mm（包括 1mm）得 6 分，1～2mm（包括 2mm）得 2 分，小于等于 -1mm 或大于 2mm 得 0 分		
焊缝凸度差	0～2mm	总分 10 分。小于等于 1mm 得 10 分，1～2mm（包括 2mm）得 5 分，大于 2mm 得 0 分		
咬边	无咬边	总分 10 分。咬边深度小于等于 0.5mm，每超出 0.2mm 扣 1 分；咬边深度大于 0.5mm 得 0 分		
裂纹	无裂纹	总分 5 分。有裂纹得 0 分		
夹渣	无夹渣	总分 5 分。有夹渣得 0 分		
表面气孔	无气孔	总分 5 分。有气孔得 0 分		
错边量	小于等于 0.3mm	总分 5 分。大于 0.3mm 得 0 分		
角变形	0°～1°	总分 5 分。大于 1°得 0 分		

续表

检测项目	参考标准	配分	检测结果	得分
焊缝正面外观成形	焊纹均匀，细密、高低、宽窄一致	总分 15 分。焊纹均匀，细密、高低、宽窄一致得 15 分；焊纹较均匀，高低、宽窄良好得 10 分；焊纹、高低、宽窄一般得 5 分		
未熔合	无未熔合	总分 5 分。有未熔合得 0 分		
焊瘤	无焊瘤	总分 5 分。有焊瘤得 0 分		

4. 工艺优化

根据工艺实施的具体情况，并按照焊接质量的要求，对拟定工艺进行优化，修订完成最终的工艺文件。

（1）下料工艺

产品名称	试件名称	试件数量	试件示意图样

具体下料工艺：

编制		审核	

（2）装配工艺

产品名称	试件名称	试件数量	装配示意简图

具体装配工艺：

点焊工艺：

编制		审核	

（3）装夹工艺

产品名称		装夹示意图
具体装夹工艺：		

编制		审核	

（4）机器人编程与焊接工艺

产品名称	
机器人编程与焊接工艺：	机器人程序文件：
	焊接工艺参数：
编制		审核	

10.3　任务小结

编制		审核	

10.4　项目评价

　　项目评价以自我评价和小组评价相结合的方式进行，指导教师根据项目评价和学生的学习成果进行综合评价。

1）根据任务完成的情况，检查任务完成的质量。

2）归纳总结编程与工艺操作的技术要点，并提出改进建议。

3）对优化的工艺进行综合论证。

碳钢中厚板平角焊缝熔化极气体保护机器人焊接编程与工艺实训考核评价表如表 10-6 所示。

表 10-6　碳钢中厚板平角焊缝熔化极气体保护机器人焊接编程与工艺实训考核评价表

班级：　　　　第（　）小组　　姓名：　　　　时间：

评价模块	评价内容	分值	自我评价	小组评价
理论知识	1）了解安全文明生产操作规程	10		
	2）掌握对试件进行质量检测与评定的方法	10		
	3）了解机器人熔化极气体保护焊所用的设备	10		
操作技能	1）能正确识读焊接图样，按图样要求进行焊接材料、焊接设备及工具的选用	20		
	2）能对碳钢中厚板平角焊缝熔化极气体保护机器人焊接所用的设备、工具和夹具进行安全检查和维护保养	20		
	3）能按照焊接技术要求，完成碳钢中厚板平角焊缝熔化极气体保护机器人焊接工艺的制订，并完成编程与焊接操作和工艺的修订	20		
职业素养	1）具有质量意识、效率意识、环保意识，践行精益化生产管理理念	5		
	2）具有规范意识、团队意识、安全意识，严格按照操作规程作业	5		

综合评价：

导师或师傅签字：

直 击 工 考

一、单选题

1．焊接工装夹具的基本要求是（　　）。

　A．足够的强度和刚度　　　　　　　　B．加紧的可靠性

　C．无所谓　　　　　　　　　　　　　D．焊接操作的灵活性

2．用于检测焊缝内部质量的无损检测方法是（　　）。

　A．射线检测　　　B．超声检测　　　　C．耐压检测　　　D．泄漏检测

二、简答题

碳钢中厚板平角焊缝要焊透根部可以采取哪些工艺措施？

碳钢中厚板平角焊缝 90° 内拐角熔化极气体保护机器人焊接编程与工艺实训

【核心概念】

离线编程（off-line programming）：在与机器人分离的装置上编制任务程序后再输入机器人中的编程方法。

焊接变位机（positioner）：将焊件回转或倾斜，使接头处于水平或船形位置的装置。

【学习目标】

1. 能按照安全文明生产操作规程的要求规范操作。
2. 能正确识读焊接图样，按图样要求进行焊接材料、焊接设备及工具的选用。
3. 能对碳钢中厚板平角焊缝 90° 内拐角熔化极气体保护机器人焊接所用的设备、工具和夹具进行安全检查和维护保养。
4. 能按照焊接技术要求，完成碳钢中厚板平角焊缝 90° 内拐角熔化极气体保护机器人焊接工艺的制订，并完成编程与焊接操作。
5. 能对所焊工件进行质量检测与评定。

11.1 实训内容及技术要求

1. 实训内容

碳钢中厚板平角焊缝 90° 内拐角熔化极气体保护机器人焊接的试件结构如图 11-1 所示。

1）试件材料：$\delta=10\mathrm{mm}$ 的 Q235 钢板，规格为立板 100mm×50mm×10mm（2 块）、底板 150mm×150mm×10mm（1 块）。

图 11-1　平角焊缝 90° 内拐角的试件结构

2）接头形式：T 形接头 90°内拐角。

3）坡口形式：I 形。

4）焊接位置：水平放置。

2. 技术要求

1）焊接方法：采用机器人熔化极气体保护焊接。

2）焊材：选用 ϕ1.2mm 的 H08Mn2SiA 焊丝，CO_2 作为保护气体。

3）成形要求：单面焊接成形。

4）装配要求：自定。

5）焊缝外观质量要求：如表 11-1 所示。

表 11-1　焊缝外观质量要求

检查项目	质量要求	检查项目	质量要求
焊脚尺寸	10～13mm	未焊透	不作要求
焊脚高低差	0～2mm	背面焊缝凹陷	不作要求
焊缝凸度	−1～2mm	错边量	小于等于 0.3mm
焊缝凸度差	0～2mm	角变形	0°～1°
咬边	无咬边	焊缝正面外观成形	焊纹均匀，细密、高低、宽窄一致
裂纹	无裂纹	未熔合	无未熔合
夹渣	无夹渣	焊瘤	无焊瘤
表面气孔	无气孔		

11.2　任务实施

1. 工艺分析

（1）试件焊接特点分析

1）采用机器人自动焊，对试件加工和装配的精度要求高。

2）试件材料为 Q235 钢，属于常用低碳钢，焊接性良好，无须进行预热或后热处理等。

3）试件厚度为 10mm，属于中厚板，焊接过程中由于厚度方向受热不均衡，焊后容易出现角变形，所以在装配定位及装夹试件时应考虑防止试件变形。

4）焊缝要求单面焊接成形，所以对装配的间隙和钝边，以及各层焊缝的焊接工艺参数的设定都有较高的要求。

（2）试件焊接的重点和难点

1）重点：下料精度、装配精度、装夹方式、示教点的位置和焊枪角度、各层焊缝的焊接工艺参数。

2）难点：机器人焊接时内拐角部分的处理及焊接过程中摆动参数与焊接速度的匹配。

2. 拟定工艺

（1）下料工艺

试件是由两块尺寸为 100mm×50mm×10mm 和 1 块尺寸为 150mm×150mm×10mm 的碳钢板组对而成的，3 块碳钢板板厚一致，所以采用的下料工艺相同。为了确保机器人的焊接质量，试件的下料精度越高越好。应根据现场生产条件尽可能选用高精度的自动下料方法（如激光切割、水射流切割或铣削加工等），并根据试件材料的性质、尺寸要求等拟定下料工艺。

拟定下料工艺：

产品名称	试件名称	试件数量	试件示意图样
具体下料工艺：			
编制		审核	

（2）装配工艺

立板与底板的装配要求成直角，这是为了减少其他因素对角焊缝结果的影响；定好立板与底板边的距离，这是考虑工件固定需要夹紧预留的位置。所以，为了焊接时更好地达到焊缝的质量要求，要综合考虑装配角度及立板在底板的位置。同时，为了防止焊接变形，定位焊缝的质量、装配的顺序和试件反变形的预设也是要考虑的。另外，还要注意定位焊缝的成形对角焊缝示教点及焊接成形的影响。

拟定装配工艺：

产品名称	试件名称	试件数量	装配示意简图
具体装配工艺：			
点焊工艺：			
编制		审核	

（3）装夹工艺

试件的装夹除要考虑牢固性和防止变形外，还要注意夹具对机器人运行的阻碍，以及焊枪的可达性和焊接运行的顺畅性，并应综合考虑提高机器人焊接的效率。

拟定装夹工艺：

产品名称		装夹示意图
具体装夹工艺：		
编制		审核

（4）机器人编程与焊接工艺

1）根据被焊材料的性质和焊接要求，确定机器人焊接所用的设备。

2）试件厚度为 10mm，宜选用多层单道焊。

3）平角板 T 形焊缝进行编程时，打底层应选用直线的插补方式，盖面层应选用直线+摆动的插补方式。

4）打底层焊缝要求填满焊脚跟部，拐角易产生铁水堆积、脱节等缺陷。应控制焊接的热输入量，宜选择低热输入量的焊接模式（如低飞溅或恒压等），并合理设置焊接相关参数，特别要注意焊枪摆动方式与焊接速度的匹配。

5）内拐角处易出现焊缝熔合不良和堆高等现象，编程时应合理设置拐角区域的示教点位置、停留时间和速度参数，并合理调整过拐角时的焊枪角度，以保证内拐角处的熔合性及焊缝的饱满度，为盖面层焊缝的焊接做好准备。

6）盖面层焊缝易出现咬边和成形不良等缺陷，应合理设置焊接相关参数和焊枪的摆动方式。

7）为了保证机器人焊接的效率，编程时应尽量减少空走点和缩短空走行程，还要注意机器人焊接过程中的姿态。

拟定机器人编程与焊接工艺：

产品名称		
机器人编程与焊接工艺：		机器人程序文件：
		焊接工艺参数：
编制		审核

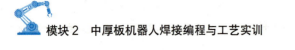

3. 工艺实施

（1）备料

根据拟定工艺准备下料的工具与设备，完成试件下料操作，并检验合格。备料检验要求如表 11-2 所示。

表 11-2　备料检验要求

试件名称	项目	参考标准	实际测量	原因分析
立板	长度	100mm		
	宽度	50mm		
	厚度	10mm		
	单边坡口角度	45°		
	对角线误差	1mm		
	切割面粗糙度	50μm		
	板变形量	无变形		
底板	长度	150mm		
	宽度	150mm		
	厚度	10mm		
	单边坡口角度	45°		
	对角线误差	1mm		
	切割面粗糙度	50μm		
	板变形量	无变形		

试　件　照　片

（2）试件装配

根据拟定工艺准备装配的工具与设备，完成试件装配操作，并检验合格。装配检验要求如表 11-3 所示。

表 11-3 装配检验要求

项目	参考标准	实际测量	原因分析
立板与底板边的距离	50mm		
立板与底板的角度	90°		
错边	无		
焊缝区域的清理	20mm 范围内		
定位焊缝	熔合好、长度为 10mm		

装 配 照 片

（3）试件装夹

根据拟定工艺准备装夹的工具与设备，完成试件装夹操作，并检验合格。装夹检验要求如表 11-4 所示。

表 11-4　装夹检验要求

项目	参考标准	实际测量	原因分析
试件摆放位置	机器人的可达性好，空走行程短		
夹持位置	均匀分布，不阻碍焊枪行走		
紧固程度	牢靠，不松动		

装　夹　照　片

（4）机器人编程与焊接

根据拟定工艺准备机器人编程与焊接的工具与设备，完成机器人编程与焊接操作。

机器人示教照片

（5）焊缝外观质量的检测

根据焊缝外观质量的要求，准备检测工具与设备，完成焊缝外观质量的检测操作。焊缝外观质量的检测要求及评分如表 11-5 所示。

表 11-5　焊缝外观质量的检测要求及评分

检测项目	参考标准	配分	检测结果	得分
焊脚尺寸	10～13mm	总分 10 分。10～11mm（包括 11mm）得 10 分，11～12mm（包括 12mm）得 6 分，12～13mm（包括 13mm）得 5 分，小于等于 10mm 或大于 13mm 得 0 分		
焊脚高低差	0～2mm	总分 10 分。小于等于 1mm 得 10 分，1～2mm（包括 2mm）得 5 分，大于 2mm 得 0 分		
焊缝凸度	-1～2mm	总分 10 分。-1～0mm（包括 0mm）得 10 分，0～1mm（包括 1mm）得 6 分，1～2mm（包括 2mm）得 2 分，小于等于-1mm 或大于 2mm 得 0 分		
焊缝凸度差	0～2mm	总分 10 分。小于等于 1mm 得 10 分，1～2mm（包括 2mm）得 5 分，大于 2mm 得 0 分		
咬边	无咬边	总分 10 分。咬边深度小于 0.5mm，每超出 0.2mm 扣 1 分；咬边深度大于 0.5mm 得 0 分		
裂纹	无裂纹	总分 5 分。有裂纹得 0 分		
夹渣	无夹渣	总分 5 分。有夹渣得 0 分		
表面气孔	无气孔	总分 5 分。有气孔得 0 分		
错边量	小于等于 0.3mm	总分 5 分。大于 0.3mm 得 0 分		
角变形	0°～1°	总分 5 分。大于 1°得 0 分		

续表

检测项目	参考标准	配分	检测结果	得分
焊缝正面外观成形	焊纹均匀，细密、高低、宽窄一致	总分 15 分。焊纹均匀，细密、高低、宽窄一致得 15 分；焊纹较均匀，高低、宽窄良好得 10 分；焊纹、高低、宽窄一般得 5 分		
未熔合	无未熔合	总分 5 分。有未熔合得 0 分		
焊瘤	无焊瘤	总分 5 分。有焊瘤得 0 分		

4. 工艺优化

根据工艺实施的具体情况，并按照焊接质量的要求，对拟定工艺进行优化，修订完成最终的工艺文件。

（1）下料工艺

产品名称	试件名称	试件数量	试件示意图样

具体下料工艺：

编制		审核	

（2）装配工艺

产品名称	试件名称	试件数量	装配示意简图

具体装配工艺：

点焊工艺：

编制		审核	

（3）装夹工艺

产品名称		装夹示意图
具体装夹工艺：		

编制		审核	

（4）机器人编程与焊接工艺

产品名称	
机器人编程与焊接工艺：	机器人程序文件：
	焊接工艺参数：
编制		审核	

11.3　任务小结

编制		审核	

11.4　项目评价

项目评价以自我评价和小组评价相结合的方式进行，指导教师根据项目评价和学生的学习成果进行综合评价。

1）根据任务完成的情况，检查任务完成的质量。

2）归纳总结编程与工艺操作的技术要点，并能提出改进建议。

碳钢中厚板平角焊缝 90°内拐角熔化极气体保护机器人焊接编程与工艺实训考核评价表如表 11-6 所示。

表 11-6　碳钢中厚板平角焊缝 90°内拐角熔化极气体保护机器人焊接编程与工艺实训考核评价表

班级：　　　　第（　）小组　　姓名：　　　　时间：

评价模块	评价内容	分值	自我评价	小组评价
理论知识	1）了解安全文明生产操作规程	10		
	2）掌握对试件进行质量检测与评定的方法	10		
	3）了解机器人 CO_2 气体保护焊所用的设备	10		
操作技能	1）能正确识读焊接图样，按图样要求进行焊接材料、焊接设备及工具的选用	20		
	2）能对碳钢中厚板平角焊缝 90°内拐角熔化极气体保护机器人焊接所用的设备、工具和夹具进行安全检查和维护保养	20		
	3）能按照焊接技术要求，完成碳钢中厚板平角焊缝 90°内拐角熔化极气体保护机器人焊接工艺的制订，并完成编程与焊接操作	20		
职业素养	1）具有质量意识、效率意识、环保意识，践行精益化生产管理理念	5		
	2）具有规范意识、团队意识、安全意识，严格按照操作规程作业	5		

综合评价：

导师或师傅签字：

直 击 工 考

一、单选题

1. 冷金属过渡指的是将（　　　）进行数字化协调。

　A．送丝过程　　　B．焊接过程　　　C．熔滴过渡过程　　　D．起弧过程

2. 下列电源种类和极性最容易出现气孔的是（　　　）。

　A．交流电源　　　B．直流正接　　　C．直流反接　　　D．脉冲电源

二、简答题

中厚板平角焊缝 90°内拐角如何解决铁水堆积问题？

碳钢中厚板平角焊缝 90° 外拐角熔化极气体保护机器人焊接编程与工艺实训

【核心概念】

防护装置（guard）：可设计为机器的组成部分，用于提供保护的物理屏障。

弧焊机器人工作站（arc welding robot workstation）：由机器人系统、弧焊电源、送丝机、焊接变位机和控制器等组成的可以进行自动化焊接的软硬件系统。

【学习目标】

1. 能按照安全文明生产操作规程的要求规范操作。
2. 能正确识读焊接图样，按图样要求进行焊接材料、焊接设备及工具的选用。
3. 能对碳钢中厚板平角焊接 90° 外拐角熔化极气体保护机器人焊接所用的设备、工具和夹具进行安全检查和维护保养。
4. 能按照焊接技术要求，完成碳钢中厚板平角焊缝 90° 外拐角熔化极气体保护机器人焊接工艺的制订，并完成编程与焊接操作。
5. 能对所焊试件进行质量检测与评定。

12.1 实训内容及技术要求

1. 实训内容

碳钢中厚板平角焊缝 90° 外拐角熔化极气体保护机器人焊接的试件结构如图 12-1 所示。

1）试件材料：$\delta = 10\text{mm}$ 的 Q235 钢板，规格为立板 100mm×50mm×10mm（2 块）、底板 150mm×150mm×10mm（1 块）。

图 12-1　平角焊缝 90°外拐角的试件结构

2）接头形式：T 形接头 90°外拐角。

3）坡口形式：I 形。

4）焊接位置：水平放置。

2. 技术要求

1）焊接方法：采用机器人熔化极气体保护焊接。

2）焊材：选用 $\phi1.2mm$ 的 H08Mn2SiA 焊丝，CO_2 作为保护气体。

3）成形要求：单面焊接成形。

4）装配要求：自定。

5）焊缝外观质量要求：如表 12-1 所示。

表 12-1　焊缝外观质量要求

检查项目	质量要求	检查项目	质量要求
焊脚尺寸	10～13mm	未焊透	不作要求
焊脚高低差	0～2mm	背面焊缝凹陷	不作要求
焊缝凸度	−1～2mm	错边量	小于等于 0.3mm
焊缝凸度差	0～2mm	角变形	0°～1°
咬边	无咬边	焊缝正面外观成形	焊纹均匀、细密、高低、宽窄一致
裂纹	无裂纹	未熔合	无未熔合
夹渣	无夹渣	焊瘤	无焊瘤
表面气孔	无气孔		

12.2　任务实施

1. 工艺分析

（1）试件焊接特点分析

1）采用机器人自动焊，对试件加工和装配的精度要求高。

2）试件材料为 Q235 钢，属于常用低碳钢，焊接性良好，无须进行预热或后热处理等。

3）试件厚度为 10mm，属于中厚板，焊接过程中由于厚度方向受热不均衡，焊后容易出现角变形，所以在装配定位及装夹试件时应考虑防止试件变形。

4）焊缝要求单面焊接成形，所以对装配的间隙和钝边，以及各层焊缝的焊接工艺参数的设定都有较高的要求。

（2）试件焊接的重点和难点

1）重点：下料精度、装配精度、装夹方式、示教点的位置和焊枪角度、各层焊缝的焊接工艺参数。

2）难点：机器人焊接时外拐角部分的处理及焊接过程中摆动参数与焊接速度的匹配。

2. 拟定工艺

（1）下料工艺

试件是由两块立板尺寸为 100mm×50mm×10mm 和 1 块尺寸为 150mm×150mm×10mm 的碳钢板组对而成的，3 块试件选用的碳钢板板厚一致，所以采用的下料工艺相同。为了确保机器人的焊接质量，试件的下料精度越高越好。应根据现场生产条件尽可能选用高精度的自动下料方法（如激光切割、水射流切割或铣削加工等），并根据试件材料的性质、尺寸要求等拟定下料工艺。

拟定下料工艺：

产品名称	试件名称	试件数量	试件示意图样
具体下料工艺：			
编制		审核	

（2）装配工艺

立板的装配与底板要求成直角，这是为了减少其他因素对角焊缝结果的影响。考虑到工件固定需要夹紧，要预留位置，所以要定好立板与底板边的距离。为了焊接时能更好地达到焊缝的质量要求，所以要综合考虑装配角度及装配后与底板的相对位置。同时，为了防止焊接变形，定位焊缝的质量、装配的顺序和试件反变形的预设也是要考虑的。另外，还要注意定位焊缝的成形对角焊缝示教点及焊接成形的影响。

拟定装配工艺：

产品名称	试件名称	试件数量	装配示意简图
具体装配工艺： 点焊工艺：			
编制		审核	

（3）装夹工艺

试件的装夹除要考虑牢固性和防止变形外，还要注意夹具对机器人运行的阻碍，以及焊枪的可达性和焊接运行的顺畅性，并应综合考虑提高机器人焊接的效率。

拟定装夹工艺：

产品名称		装夹示意图样
具体装夹工艺： 		
编制		审核	

（4）机器人编程与焊接工艺

1）根据被焊材料的性质和焊接要求，确定机器人焊接所用的设备。

2）试件厚度为 10mm，宜选用多层单道焊。

3）平角板 T 形焊缝进行编程时，打底层应选用直线的插补方式，盖面层应选用直线+摆动的插补方式。

4）打底层焊缝要求填满焊根部分，拐角易产生铁水堆积、脱节、焊根未熔合等缺陷。应控制焊接的热输入量，宜选择低热输入量的焊接模式（如低飞溅或恒压等），并合理设置焊接相关参数，特别要注意焊枪摆动方式与焊接速度的匹配。

5）外拐角处易出现焊缝熔合不良和堆高、脱节等现象，编程时应合理设置拐角区域的示教点位置、停留时间和速度参数，并合理调整过拐角时的焊枪角度，以保证外拐角处的熔合性及焊缝的饱满度，为盖面层焊缝的焊接做好准备。

6）盖面层焊缝易出现咬边和成形不良等缺陷，应合理设置焊接相关参数和焊枪的摆动方式。

7）为了保证机器人焊接的效率，编程时应尽量减少空走点和缩短空走行程，还要注意机器人焊接过程中的姿态。

拟定机器人编程与焊接工艺：

产品名称		
机器人编程与焊接工艺：	机器人程序文件：	
	焊接工艺参数：	
编制	审核	

3. 工艺实施

（1）备料

根据拟定工艺准备下料的工具与设备，完成试件下料操作，并检验合格。备料检验要求如表 12-2 所示。

表 12-2 备料检验要求

试件名称	项目	参考标准	实际测量	原因分析
立板	长度	100mm		
	宽度	50mm		
	厚度	10mm		
	单边坡口角度	45°		
	对角线误差	1mm		
	切割面粗糙度	50μm		
	板变形量	无变形		
底板	长度	150mm		
	宽度	150mm		
	厚度	10mm		
	单边坡口角度	45°		
	对角线误差	1mm		
	切割面粗糙度	50μm		
	板变形量	无变形		

试 件 照 片

（2）试件装配

根据拟定工艺准备装配的工具与设备，完成试件装配操作，并检验合格。装配检验要求如表 12-3 所示。

表 12-3 装配检验要求

项目	参考标准	实际测量	原因分析
立板与底板边的距离	50mm		
立板与底板的角度	90°		
错边	无		
焊缝区域的清理	20mm 范围内		
定位焊缝	熔合好、长度为 10mm		

装 配 照 片

（3）试件装夹

根据拟定工艺准备装夹的工具与设备，完成试件装夹操作，并检验合格。装夹检验要求如表 12-4 所示。

表 12-4 装夹检验要求

项目	参考标准	实际测量	原因分析
试件摆放位置	机器人的可达性好，空走行程短		
夹持位置	均匀分布，不阻碍焊枪行走		
紧固程度	牢靠，不松动		

装 夹 照 片

（4）机器人编程与焊接

根据拟定工艺准备机器人编程与焊接的工具与设备，完成机器人编程与焊接操作。

机器人示教照片

焊　接　照　片

（5）焊缝外观质量的检测

根据焊缝质量检验的要求，准备检测工具与设备，完成焊缝外观质量的检测操作。焊缝外观质量的检测要求及评分如表 12-5 所示。

表 12-5　焊缝外观质量的检测要求及评分

检测项目	参考标准	配分	检测结果	得分
焊脚尺寸	10～13mm	总分 10 分。10～11mm（包括 11mm）得 10 分，11～12mm（包括 12mm）得 6 分，12～13mm（包括 13mm）得 5 分，小于等于 10mm 或大于 13mm 得 0 分		
焊脚高低差	0～2mm	总分 10 分。小于等于 1mm 得 10 分，1～2mm（包括 2mm）得 5 分，大于 2mm 得 0 分		
焊缝凸度	-1～2mm	总分 10 分。-1～0mm（包括 0mm）得 10 分，0～1mm（包括 1mm）得 6 分，1～2mm（包括 2mm）得 2 分，小于等于-1mm 或大于 2mm 得 0 分		
焊缝凸度差	0～2mm	总分 10 分。小于等于 1mm 得 10 分，1～2mm（包括 2mm）得 5 分，大于 2mm 得 0 分		
咬边	无咬边	总分 10 分。咬边深度小于 0.5mm，每超出 0.2mm 扣 1 分；咬边深度大于 0.5mm 得 0 分		
裂纹	无裂纹	总分 5 分。有裂纹得 0 分		
夹渣	无夹渣	总分 5 分。有夹渣得 0 分		
表面气孔	无气孔	总分 5 分。有气孔得 0 分		
错边量	小于等于 0.3mm	总分 5 分。大于 0.3mm 得 0 分		
角变形	0°～1°	总分 5 分。大于 1°得 0 分		

续表

检测项目	参考标准	配分	检测结果	得分
焊缝正面外观成形	焊纹均匀，细密、高低、宽窄一致	总分 15 分。焊纹均匀，细密、高低、宽窄一致得 15 分；焊纹较均匀，高低、宽窄良好得 10 分；焊纹、高低、宽窄一般得 5 分		
未熔合	无未熔合	总分 5 分。有未熔合得 0 分		
焊瘤	无焊瘤	总分 5 分。有焊瘤得 0 分		

4. 工艺优化

根据工艺实施的具体情况，并按照焊接质量的要求，对拟定工艺进行优化，修订完成最终的工艺文件。

（1）下料工艺

产品名称	试件名称	试件数量	试件示意图样
具体下料工艺：			
编制		审核	

（2）装配工艺

产品名称	试件名称	试件数量	装配示意简图

具体装配工艺：

点焊工艺：

编制		审核	

（3）装夹工艺

产品名称		装夹示意图
具体装夹工艺：		

编制		审核	

（4）机器人编程与焊接工艺

产品名称			
机器人编程与焊接工艺：		机器人程序文件：	
		焊接工艺参数：	
编制		审核	

12.3　任务小结

编制		审核	

12.4　项目评价

　　项目评价以自我评价和小组评价相结合的方式进行，指导教师根据项目评价和学生的学习成果进行综合评价。

1）根据任务完成的情况，检查任务完成的质量。

2）归纳总结编程与工艺操作的技术要点，并提出改进建议。

碳钢中厚板平角焊缝 90°外拐角熔化极气体保护机器人焊接编程与工艺实训考核评价表如表 12-6 所示。

表 12-6　碳钢中厚板平角焊缝 90°外拐角熔化极气体保护机器人焊接编程与工艺实训考核评价表

班级:　　　　第（　）小组　姓名:　　　　时间:

评价模块	评价内容	分值	自我评价	小组评价
理论知识	1）了解安全文明生产操作规程	10		
	2）掌握对试件进行质量检测与评定的方法	10		
	3）了解机器人 CO_2 气体保护焊所用的设备	10		
操作技能	1）能正确识读焊接图样，按图样要求进行焊接材料、焊接设备及工具的选用	20		
	2）能对碳钢中厚板平角焊缝 90°外拐角熔化极气体保护机器人焊接所用的设备、工具和夹具进行安全检查和维护保养	20		
	3）能按照焊接技术要求，完成碳钢中厚板平角焊缝 90°外拐角熔化极气体保护机器人焊接工艺的制订，并完成编程与焊接操作	20		
职业素养	1）具有质量意识、效率意识、环保意识，践行精益化生产管理理念	5		
	2）具有规范意识、团队意识、安全意识，严格按照操作规程作业	5		

综合评价:

导师或师傅签字:

直 击 工 考

一、单选题

要检测焊接接头的塑性大小，应进行（　　）试验。

　　A．拉伸　　　　　B．弯曲　　　　　C．冲击　　　　　D．硬度

二、多选题

下列属于焊接变位机械的是（　　）。

　　A．焊接变位机　　B．焊接回转台　　C．焊接翻转台　　D．焊接滚轮架

三、简答题

碳钢中厚板平角焊缝 90°外拐角焊接时需要注意哪些安全事项？

模块 3

机器人与外部轴协同
焊接编程操作

【模块导读】

前两个模块所设置的试件结构比较简单，不需要借助外部轴即可完成机器人焊接。但在实际生产中，有时需要借助外部轴对焊件进行翻转，或者采用多台机器人联动完成焊接作业。因此，本模块设置了单轴变位机与机器人协同焊接编程操作、双轴变位机与机器人协同焊接编程操作、双机器人协同焊接编程操作 3 个实训项目。

【模块目标】

通过相应的机器人焊接编程与工艺训练，并结合 1+X、职业道德和素质要求进行过程考核与评价，全面提高操作技能、工艺编制能力及职业素养。

单轴变位机与机器人协同焊接编程操作

【核心概念】

无损检测（non-destructive testing，NDT）：以不损害预期实用性和可用性的方式来检查材料或零部件，用于探测、定位、测量和评定损伤；评价材料或零件的完整性、性质和构成，以及测量零件的几何特性。

射线检测（radiographic testing，RT）：利用 X 射线或 γ 射线穿透工件时工件局部区域存在的缺陷改变物体对射线的衰减，引起透射射线强度的变化，通过胶片感光来检测透射线强度而形成影像，判断工件中是否存在缺陷及缺陷的位置和大小。

【学习目标】

1. 能按照安全文明生产操作规程的要求规范操作。
2. 能正确识读焊接图样，按图样要求进行焊接材料、焊接设备及工具的选用。
3. 能对单轴变位机与机器人协同焊接所用的设备、工具和夹具进行安全检查和维护保养。
4. 能按照焊接技术要求，完成单轴变位机与机器人协同焊接工艺的制订，并掌握机器人外部轴的协同编程、焊接操作和焊接摆动参数的设置方法。
5. 能对所焊试件进行质量检测与评定。

13.1 实训内容及技术要求

1. 实训内容

碳钢管板垂直转动平角焊缝熔化极气体保护机器人焊接的试件结构如图 13-1 所示。

1）试件材料：$\delta_1 = 6mm$ 的 Q235 钢板，规格为 200mm×200mm×6mm；$\delta_2 = 6mm$ 的

图 13-1　管板垂直转动平角焊缝的试件结构

Q235 DN80 钢管，规格为 ϕ89mm ×6mm×150mm。

2）接头形式：管板对接。

3）坡口形式：无坡口。

4）焊接位置：水平放置。

2．技术要求

1）焊接方法：采用机器人熔化极气体保护焊接。

2）焊材：选用 ϕ1.2mm 的 ER50-5 焊丝，CO_2 作为保护气体。

3）成形要求：焊缝无成形要求。

4）装配要求：自定。

5）焊缝外观质量要求：如表 13-1 所示。

表 13-1　焊缝外观质量要求

检查项目	质量要求	检查项目	质量要求
焊脚尺寸	7～10mm	未焊透	不作要求
焊脚高低差	0～2mm	背面焊缝凹陷	不作要求
焊缝凸度	–1～2mm	错边量	小于等于 0.3mm
焊缝凸度差	0～2mm	角变形	0°～1°
咬边	0～0.5mm	焊缝正面外观成形	焊纹均匀，细密、高低、宽窄一致
裂纹	无裂纹	未熔合	无未熔合
夹渣	无夹渣	焊瘤	无焊瘤
表面气孔	无气孔		

13.2　任务实施

1．工艺分析

（1）试件焊接特点分析

1）采用机器人自动焊，对试件加工和装配的精度要求高。

2）试件材料为 Q235 钢，属于常用低碳钢，焊接性良好，无须进行预热或后热处理等。

3）试件厚度为 6mm，焊接过程中由于厚度方向受热不均衡，焊后容易出现角变形，所以在装配定位及装夹试件时应考虑防止试件变形。

4）焊缝需要进行摆动，所以对焊接的摆动工艺参数的设定（如摆幅、摆动速度、摆动停留等）需要综合考虑。

（2）试件焊接的重点和难点

1）重点：下料精度、装配精度、装夹方式、示教点的位置和焊枪角度、各层焊缝的焊接工艺参数及焊接的摆动参数。机器人旋转变位机需要协同作业，需要对机器人 TCP 进行精调并对变位机的协同进行配置（确定变位机的旋转中心点）。

2）难点：机器人焊接时起、收弧的处理及焊接过程中摆动参数与焊接速度的匹配。

2. 拟定工艺

（1）下料工艺

由于试件是由管板组对而成的，为了确保机器人的焊接质量，试件的下料精度越高越好。特别是在下管料时应注意管口切面的平整度和倾斜度。应根据现场生产条件尽可能选用高精度的自动下料方法（如激光切割、水射流切割或铣削加工等），并根据试件材料的性质、尺寸要求等拟定下料工艺。

拟定下料工艺：

产品名称	试件名称	试件数量	试件示意图样
具体下料工艺：			
编制		审核	

（2）装配工艺

装配时不留间隙，并且为了得到更小的角变形量，需要将管件尽可能地固定于平板中心位置。另外，还要注意定位焊缝的成形对起、收弧的影响。

拟定装配工艺：

产品名称	试件名称	试件数量	装配示意简图
具体装配工艺：			
点焊工艺：			
编制		审核	

（3）装夹工艺

试件的装夹除要考虑牢固性和防止变形外，还要注意选择机器人和焊枪的姿态，保证焊枪的可达性和焊接运行的顺畅性，并应综合考虑提高机器人焊接的效率。

拟定装夹工艺：

产品名称		装夹示意图	
具体装夹工艺：			
编制		审核	

（4）机器人编程与焊接工艺

1）根据被焊材料的性质和焊接要求，确定机器人焊接所用的设备并做好变位机协同。

2）试件厚度为 6mm，选用单层单道摆动焊。

3）管板焊缝，编程时应尽量将管件轴线与变位机的旋转轴线重合，焊接时选用协同直线插补。

4）焊接时采用摆动焊接，易产生咬边、焊脚不对称、焊脚尺寸不足等缺陷，应控制焊接的热输入量，宜选择低热输入量的焊接模式（如低飞溅或恒压等），并合理设置焊接相关参数，特别要注意焊枪摆动方式与焊接速度的匹配。

5）起、收弧处易出现焊缝熔合不良和堆高或弧坑等缺陷，编程时应合理设置起、收弧参数，并合理调整起、收弧时的焊枪角度和收弧点盖过起弧点的距离，以保证起、收弧连接处的熔合性和焊缝的饱满度。

6）在摆动焊接时，需要注意根据铁水的流动状态调整焊丝在焊缝上、下两端的停留时间，以免造成咬边或焊缝不对称等缺陷。

拟定机器人编程与焊接工艺：

产品名称			
机器人编程与焊接工艺：		机器人程序文件：	
		焊接工艺参数：	
编制		审核	

3．工艺实施

（1）备料

根据拟定工艺准备下料的工具与设备，完成试件下料操作，并检验合格。备料检验要求如表 13-2 所示。

表 13-2　备料检验要求

项目	参考标准	实际测量	原因分析
板料长度	200mm		
板料宽度	200mm		
板料厚度	6mm		
板料对角线误差	1mm		
板料切割面粗糙度	50μm		
板变形量	无变形		
管料长度	150mm		
管料直径	ϕ89mm		
管料厚度	6mm		
管口倾斜度	0°		
管口切割面粗糙度	50μm		
管变形量	无变形		

试　件　照　片

（2）试件装配

根据拟定工艺准备装配的工具与设备，完成试件装配操作，并检验合格。装配检验要求如表 13-3 所示。

表 13-3　装配检验要求

项目	参考标准	实际测量	原因分析
装配间隙	0～0.5mm		
焊缝区域的清理	20mm 范围内		
定位焊点	点焊，需注意打磨		

装　配　照　片

（3）试件装夹

根据拟定工艺准备装夹的工具与设备，完成试件装夹操作，并检验合格。装夹检验要求如表 13-4 所示。

表 13-4　装夹检验要求

项目	参考标准	实际测量	原因分析
试件摆放位置	管轴心尽量和外部轴旋转轴心重合		
焊枪位置	尽可能让送丝管和枪缆舒展		
夹持位置	均匀分布，不阻碍焊枪行走		
紧固程度	牢靠，不松动		

装　夹　照　片

（4）机器人编程与焊接

根据拟定工艺准备机器人编程与焊接的工具与设备，完成机器人编程与焊接操作。

机器人示教照片

焊 接 照 片

（5）焊缝外观质量的检测

根据焊缝外观质量的要求，准备检测工具与设备，完成焊缝外观质量的检测操作。焊缝外观质量的检测要求及评分如表 13-5 所示。

表 13-5 焊缝外观质量的检测要求及评分

检测项目	参考标准	配分	检测结果	得分
焊脚尺寸	7～10mm	总分 10 分。7～8mm（包括 8mm）得 10 分，8～9mm（包括 9mm）得 6 分，9～10mm（包括 10mm）得 5 分，小于等于 7mm 或大于 10mm 得 0 分		
焊脚高低差	0～2mm	总分 10 分。小于等于 1mm 得 10 分，1～2mm（包括 2mm）得 5 分，大于 2mm 得 0 分		
焊缝凸度	-1～2mm	总分 10 分。-1～0mm（包括 0mm）得 10 分，0～1mm（包括 1mm）得 6 分，1～2mm（包括 2mm）得 2 分，小于等于-1mm 或大于 2mm 得 0 分		
焊缝凸度差	0～2mm	总分 10 分。小于等于 1mm 得 10 分，1～2mm（包括 2mm）得 5 分，大于 2mm 得 0 分		
咬边	0～0.5mm	总分 10 分。咬边深度小于等于 0.5mm，每超出 0.2mm 扣 1 分；咬边深度大于 0.5mm 得 0 分		
裂纹	无裂纹	总分 5 分。有裂纹得 0 分		
夹渣	无夹渣	总分 5 分。有夹渣得 0 分		
表面气孔	无气孔	总分 5 分。有气孔得 0 分		
错边量	小于等于 0.3mm	总分 5 分。大于 0.3mm 得 0 分		
角变形	0°～1°	总分 5 分。大于 1°得 0 分		

续表

检测项目	参考标准	配分	检测结果	得分
焊缝正面外观成形	焊纹均匀，细密、高低、宽窄一致	总分 15 分。焊纹均匀，细密、高低、宽窄一致得 15 分；焊纹较均匀，高低、宽窄良好得 10 分；焊纹、高低、宽窄一般得 5 分		
未熔合	无未熔合	总分 5 分。有未熔合得 0 分		
焊瘤	无焊瘤	总分 5 分。有焊瘤得 0 分		

4. 工艺优化

根据工艺实施的具体情况，并按照焊接质量的要求，对拟定工艺进行优化，修订完成最终的工艺文件。

（1）下料工艺

产品名称	试件名称	试件数量	试件示意图样

具体下料工艺：

编制		审核	

（2）装配工艺

产品名称	试件名称	试件数量	装配示意简图
具体装配工艺： 点焊工艺：			
编制		审核	

（3）装夹工艺

产品名称		装夹示意图
具体装夹工艺： 		
编制		审核	

（4）机器人编程与焊接工艺

产品名称	
机器人编程与焊接工艺：	机器人程序文件：
	焊接工艺参数：
编制		审核	

13.3　任务小结

编制		审核	

13.4　项目评价

　　项目评价以自我评价和小组评价相结合的方式进行，指导教师根据项目评价和学生的学习成果进行综合评价。

1）根据任务完成的情况，检查任务完成的质量。

2）归纳总结编程与工艺操作的技术要点，并提出改进建议。

单轴变位机与机器人协同焊接编程操作考核评价表如表 13-6 所示。

表 13-6　单轴变位机与机器人协同焊接编程操作考核评价表

班级：　　　　第（　）小组　　姓名：　　　　时间：

评价模块	评价内容	分值	自我评价	小组评价
理论知识	1）了解安全文明生产操作规程	10		
	2）掌握对试件进行质量检测与评定的方法	10		
	3）了解机器人 CO_2 气体保护焊所用的设备	10		
操作技能	1）能正确识读焊接图样，按图样要求进行焊接材料、焊接设备及工具的选用	20		
	2）能对单轴变位机与机器人协同焊接所用的设备、工具和夹具进行安全检查和维护保养	20		
	3）能按照焊接技术要求，完成单轴变位机与机器人协同焊接工艺的制订，并掌握机器人外部轴的协同编程、焊接操作和焊接摆动参数的设置方法	20		
职业素养	1）具有质量意识、效率意识、环保意识，践行精益化生产管理理念	5		
	2）具有规范意识、团队意识、安全意识，严格按照操作规程作业	5		

综合评价：

导师或师傅签字：

直 击 工 考

一、多选题

1. 焊接工艺评定应该包括（　　）过程。

　A. 拟订焊接工艺评定任务书　　　　B. 编写焊接工艺评定报告

　C. 评定焊接缺陷对结构的影响　　　D. 编制焊接工艺规程

2. 机器人系统为了保证被焊工件的一致性，所采用的工装夹具的作用是（　　）。

　A. 保证焊接尺寸　　　　　　　　　B. 提高焊接效率

　C. 提高装配效率　　　　　　　　　D. 防止焊接变形

二、简答题

单轴变位机与机器人协同焊接过程中容易出现什么问题？

双轴变位机与机器人协同焊接编程操作

【核心概念】

超声检测（ultrasonic testing，UT）：基于超声在被检工件中传播，通过检测穿透信号或从缺陷反射、其他表面反射及折射的信号进行检测的方法。可以检测工件的内部缺陷，也可以检测表面缺陷。

磁粉检测（magnetic particle testing，MT）：利用漏磁场与磁粉来检测铁磁性材料表面和近表面不连续的无损检测方法。

【学习目标】

1. 能按照安全文明生产操作规程的要求规范操作。
2. 能正确识读焊接图样，按图样要求进行焊接材料、焊接设备及工具的选用。
3. 能对双轴变位机与机器人协同焊接所用的设备、工具和夹具进行安全检查和维护保养。
4. 能按照焊接技术要求，完成双轴变位机与机器人协同焊接工艺的制订，并掌握机器人外部轴的协同编程、焊接操作和焊接摆动参数的设置方法。
5. 能对所焊试件进行质量检测与评定。

14.1 实训内容及技术要求

1. 实训内容

角焊缝熔化极气体保护机器人焊接的试件结构如图 14-1 所示。

图 14-1 组合试件结构

1）试件材料：$\delta_1 = 25mm$ 的 Q235 钢板，规格为 300mm×300mm×25mm；$\delta_2 = 16mm$ 的 Q235 钢板，规格为 250mm×250mm×16mm；$\delta_3 = 16mm$ 的 Q235 钢板，规格为 200mm×100mm×16mm。

2）接头形式：组合件角接。

3）坡口形式：无坡口。

4）焊接位置：船形焊接位置。

2．技术要求

1）焊接方法：采用熔化极气体保护机器人焊接。

2）焊材：选用 $\phi 1.2mm$ 的 ER50-5 焊丝，CO_2 作为保护气体。

3）成形要求：焊缝成形均匀。

4）装配要求：自定。

5）焊缝外观质量要求：如表 14-1 所示。

表 14-1 焊缝外观质量要求

检查项目	质量要求	检查项目	质量要求
焊脚尺寸	13～16mm	未焊透	不作要求
焊脚高低差	0～2mm	背面焊缝凹陷	不作要求
焊缝凸度	−1～2mm	错边量	小于等于 0.3mm
焊缝凸度差	0～2mm	角变形	0°～1°
咬边	0～0.5mm	焊缝正面外观成形	焊纹均匀，细密、高低、宽窄一致
裂纹	无裂纹	未熔合	无未熔合
夹渣	无夹渣	焊瘤	无焊瘤
表面气孔	无气孔		

14.2 任务实施

1．工艺分析

（1）试件焊接特点分析

1）采用机器人自动焊，对试件加工和装配的精度要求高。

2）试件材料为 Q235 钢，属于常用低碳钢，焊接性良好，无须进行预热或后热处理等。

3）试件厚度为 16mm 和 25mm，焊接过程中由于厚度方向受热不均衡，焊后容易出现角变形，所以在装配定位及装夹试件时应考虑防止试件变形。

4）试件需要摆到船形位置焊接，需要提前将试件点焊固定，并分层焊接。

5）焊缝需要进行摆动，所以对焊接的摆动工艺参数的设定（如摆幅、摆动速度、摆动停留等）需要综合考虑。

（2）试件焊接的重点和难点

1）重点：下料精度、装配精度、装夹方式、示教点的位置和焊枪角度、各层焊缝的焊接工艺参数及焊接的摆动参数。机器人旋转变位机需要协同作业，需要对机器人 TCP 进行精调并对变位机的协同进行配置（确定变位机的旋转中心点）。

2）难点：机器人焊接时起、收弧的处理及焊接过程中摆动参数与焊接速度的匹配。采用多层单道焊接，焊缝的焊接顺序和焊接参数。

2.　拟定工艺

（1）下料工艺

由于试件是由中厚板组对而成的，为了确保机器人的焊接质量，试件的下料精度越高越好。特别是在下管料时应注意切面的平整度。应根据现场生产条件尽可能选用高精度的自动下料方法（如激光切割、水射流切割或铣削加工等），并根据试件材料的性质、尺寸要求等拟定下料工艺。

拟定下料工艺：

产品名称	试件名称	试件数量	试件示意图样
具体下料工艺：			
编制		审核	

（2）装配工艺

装配时不留间隙，并且为了得到更小的角变形量，需要将立板进行适当的反变形。另外，还要注意定位焊缝的成形对起、收弧的影响。

拟定装配工艺：

产品名称	试件名称	试件数量	装配示意简图
具体装配工艺：			
点焊工艺：			
编制		审核	

（3）装夹工艺

试件的装夹除要考虑牢固性和防止变形外，还要注意选择机器人和焊枪的姿态，保证焊枪的可达性和焊接运行的顺畅性，并应综合考虑提高机器人焊接的效率。

拟定装夹工艺：

产品名称		装夹示意图
具体装夹工艺：		
编制		审核

（4）机器人编程与焊接工艺

1）根据被焊材料的性质和焊接要求，确定机器人焊接所用的设备并做好变位机协同。

2）试件厚度为 16mm 和 25mm，选用船型位置单层单道摆动焊。

3）在点焊完成后应先进行各焊道的第一道打底焊，将试件形态固定，避免单焊接一道时应力过大将其他焊点拉断拉裂。

4）焊接时采用摆动焊接，易产生咬边、焊脚不对称、焊脚尺寸不足等缺陷，应控制焊接的热输入量，宜选择低热输入量的焊接模式（如低飞溅或恒压等），并合理设置焊接相关参数，特别要注意焊枪摆动方式与焊接速度的匹配。

5）起、收弧处易出现焊缝熔合不良和堆高、弧坑等缺陷，编程时应合理设置起、收弧参数，并合理调整起、收弧时的焊枪角度及收弧点填充弧坑的时间和电流，以保证起弧连接处的熔合性和焊缝的饱满度。

6）在摆动焊接时，需要注意根据铁水的流动状态调整焊丝在焊缝左、右两端的停留时间，以免造成咬边或焊缝不对称等缺陷。

拟定机器人编程与焊接工艺：

产品名称			
机器人编程与焊接工艺：		机器人程序文件：	
		焊接工艺参数：	
编制		审核	

3. 工艺实施

（1）备料

根据拟定工艺准备下料的工具与设备，完成试件下料操作，并检验合格。备料检验要求如表 14-2 所示。

表 14-2 备料检验要求

项目	参考标准	实际测量	原因分析
板料 1	300mm×300mm×25mm		
板料 2	250mm×250mm×16mm		
板料 3	250mm×100mm×16mm		
板料对角线误差	1mm/1mm/1mm		
板料切割面粗糙度	50μm/50μm/50μm		
板变形量	无变形		

试 件 照 片

（2）试件装配

根据拟定工艺准备装配的工具与设备，完成试件装配操作，并检验合格。装配检验要求如表 14-3 所示。

表 14-3 装配检验要求

项目	参考标准	实际测量	原因分析
装配间隙	0~0.5mm		
焊缝区域的清理	20mm 范围内		
定位焊点	点焊，需注意打磨		

装 配 照 片

（3）试件装夹

根据拟定工艺准备装夹的工具与设备，完成试件装夹操作，并检验合格。装夹检验要求如表 14-4 所示。

表 14-4 装夹检验要求

项目	参考标准	实际测量	原因分析
试件摆放位置	工件中心尽量和外部轴旋转轴心重合		
焊枪位置	需要提前测试焊枪的可达性和焊枪的姿态		
夹持位置	均匀分布，不阻碍焊枪行走		
紧固程度	牢靠，不松动		

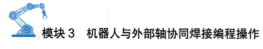

装　夹　照　片

（4）机器人编程与焊接

根据拟定工艺准备机器人编程与焊接的工具与设备，完成机器人编程与焊接操作。

机器人示教照片

焊　接　照　片

（5）焊缝外观质量的检测

根据焊缝外观质量的要求，准备检测工具与设备，完成焊缝外观质量的检测操作。焊缝外观质量的检测要求及评分如表 14-5 所示。

表 14-5　焊缝外观质量的检测要求及评分

检测项目	参考标准	配分	检测结果	得分
焊脚尺寸	13～16mm	总分 10 分。13～14mm（包括 14mm）得 10 分，14～15mm（包括 15mm）得 6 分，15～16mm（包括 16mm）得 5 分，小于等于 13mm 或大于 16mm 得 0 分		
焊脚高低差	0～2mm	总分 10 分。小于等于 1mm 得 10 分，1～2mm（包括 2mm）得 5 分，大于 2mm 得 0 分		
焊缝凸度	-1～2mm	总分 10 分。-1～0mm（包括 0mm）得 10 分，0～1mm（包括 1mm）得 6 分，1～2mm（包括 2mm）得 2 分，小于等于-1mm 或大于 2mm 得 0 分		
焊缝凸度差	0～2mm	总分 10 分。小于等于 1mm 得 10 分，1～2mm（包括 2mm）得 5 分，大于 2mm 得 0 分		
咬边	0～0.5mm	总分 10 分。咬边深度小于等于 0.5mm，每超出 0.2mm 扣 1 分；咬边深度大于 0.5mm 得 0 分		
裂纹	无裂纹	总分 5 分。有裂纹得 0 分		
夹渣	无夹渣	总分 5 分。有夹渣得 0 分		
表面气孔	无气孔	总分 5 分。有气孔得 0 分		
错边量	小于等于 0.3mm	总分 5 分。大于 0.3mm 得 0 分		
角变形	0°～1°	总分 5 分。大于 1°得 0 分		

续表

检测项目	参考标准	配分	检测结果	得分
焊缝正面外观成形	焊纹均匀，细密、高低、宽窄一致	总分 15 分。焊纹均匀，细密、高低、宽窄一致得 15 分；焊纹较均匀，高低、宽窄良好得 10 分；焊纹、高低、宽窄一般得 5 分		
未熔合	无未熔合	总分 5 分。有未熔合得 0 分		
焊瘤	无焊瘤	总分 5 分。有焊瘤得 0 分		

4. 工艺优化

根据工艺实施的具体情况，并按照焊接质量的要求，对拟定工艺进行优化，修订完成最终的工艺文件。

（1）下料工艺

产品名称	试件名称	试件数量	试件示意图样
具体下料工艺：			
编制		审核	

（2）装配工艺

产品名称	试件名称	试件数量	装配示意简图
具体装配工艺： 点焊工艺：			
编制		审核	

（3）装夹工艺

产品名称		装夹示意图
具体装夹工艺：		
编制		审核	

（4）机器人编程与焊接工艺

产品名称		
机器人编程与焊接工艺：	机器人程序文件：	
	焊接工艺参数：	
编制	审核	

14.3　任务小结

编制	审核

14.4　项目评价

　　项目评价以自我评价和小组评价相结合的方式进行，指导教师根据项目评价和学生的学习成果进行综合评价。

1）根据任务完成的情况，检查任务完成的质量。

2）归纳总结编程与工艺操作的技术要点，并提出改进建议。

双轴变位机与机器人协同焊接编程操作考核评价表如表 14-6 所示。

表 14-6　双轴变位机与机器人协同焊接编程操作考核评价表

班级：　　　　第（　）小组　　姓名：　　　　时间：

评价模块	评价内容	分值	自我评价	小组评价
理论知识	1）了解安全文明生产操作规程	10		
	2）掌握对试件进行质量检测与评定的方法	10		
	3）了解机器人 CO_2 气体保护焊所用的设备	10		
操作技能	1）能正确识读焊接图样，按图样要求进行焊接材料、焊接设备及工具的选用	20		
	2）能对双轴变位机与机器人协同焊接所用的设备、工具和夹具进行安全检查和维护保养	20		
	3）能按照焊接技术要求，完成双轴变位机与机器人协同焊接工艺的制订，并掌握机器人外部轴的协同编程、焊接操作和焊接摆动参数的设置方法	20		
职业素养	1）具有质量意识、效率意识、环保意识，践行精益化生产管理理念	5		
	2）具有规范意识、团队意识、安全意识，严格按照操作规程作业	5		

综合评价：

导师或师傅签字：

直 击 工 考

一、单选题

1．如果末端装置、工具或周围环境的刚性很大，那么机械手要执行与某个表面有接触的操作将会变得相当困难。此时应该考虑采取（　　）。

　　A．柔顺控制　　　　B．PID 控制　　　C．模糊控制　　　D．最优控制

2．为了控制焊接残余应力，下列措施不合理的是（　　）。

　　A．增大结构刚性　　　　　　　　B．焊前预热

　　C．冷焊法　　　　　　　　　　　D．加热"减应区"法

二、简答题

双轴变位机与机器人协同焊接过程中容易出现什么问题？

双机器人协同焊接编程操作

【核心概念】

渗透检测（penetrant testing，PT）：通过渗透、多余渗透剂的去除、显像等步骤，利用产生的可见显示检测表面开口缺陷的无损检测方法。

涡流检测（eddy current testing，ET）：利用铁磁线圈在工件中感应产生的涡流，借助探测线圈测定涡电流的变化量，从而获得工件缺陷的有关信息，检测导电工件表面和近表面缺陷的无损检测方法。

目视检测（visual testing，VT）：利用目视（肉眼、放大镜、内窥镜和光学传感器等）对工件的表面形貌、缺陷等进行无损检测的方法。

【学习目标】

1. 能按照安全文明生产操作规程的要求规范操作。
2. 掌握焊缝起、收弧衔接的方法。
3. 掌握机器人立向上焊接的方法和技巧。
4. 能按照焊接技术要求，完成双机器人焊接工艺的制订，并掌握双机器人的协同编程、规划作业顺序、设置干涉区、焊接操作和焊接摆动参数的设置方法。
5. 能对所焊试件进行质量检测与评定。

15.1 实训内容及技术要求

1. 实训内容

角焊缝熔化极气体保护机器人焊接的试件结构如图 15-1 所示。

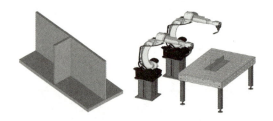

图 15-1　组合板试件结构

1）试件材料：Q235 底板，规格为 500mm×220mm×10mm；Q235 立板，规格为 500mm×125mm×10mm；Q235 筋板，规格为 125mm×100mm×10mm。

2）接头形式：平角接和立角接。

3）坡口形式：无坡口。

4）焊接位置：水平和立位位置。

2. 技术要求

1）焊接方法：采用机器人熔化极气体保护焊接。

2）焊材：选用 ϕ1.2mm 的 ER50-5 焊丝，CO_2 作为保护气体。

3）成形要求：焊缝无成形要求。

4）装配要求：自定。

5）焊缝外观质量要求：如表 15-1 所示。

表 15-1　焊缝外观质量要求

检查项目	质量要求	检查项目	质量要求
焊脚尺寸	10～13mm	未焊透	不作要求
焊脚高低差	0～2mm	背面焊缝凹陷	不作要求
焊缝凸度	-1～2mm	错边量	小于等于 0.3mm
焊缝凸度差	0～2mm	角变形	0°～1°
咬边	0～0.5mm	焊缝正面外观成形	焊纹均匀、细密、高低、宽窄一致
裂纹	无裂纹	未熔合	无未熔合
夹渣	无夹渣	焊瘤	无焊瘤
表面气孔	无气孔		

15.2　任务实施

1. 工艺分析

（1）试件焊接特点分析

1）采用机器人自动焊，对试件加工和装配的精度要求高。

2）试件材料为 Q235 钢，属于常用低碳钢，焊接性良好，无须进行预热或后热处理等。

3）试件厚度为 10mm，焊接过程中由于厚度方向受热不均衡，焊后容易出现角变形，所以在装配定位及装夹试件时应考虑防止试件变形。

4）焊件立板有一侧有筋板固定，相对不容易变形，可先焊接变形量大的一侧。

（2）试件焊接的重点和难点

1）重点：机器人焊接时收弧点与另一条焊缝起弧点的衔接，焊接顺序对焊缝变形量的影响。

2）难点：机器人立向上焊接时的焊接参数设定，立向上顶部焊接收弧弧坑的参数设定。

2. 拟定工艺

（1）下料工艺

由于试件是由中厚板组对而成的，为了确保机器人的焊接质量，试件的下料精度越高越好。应根据现场生产条件尽可能选用高精度的自动下料方法（如激光切割、水射流切割或铣削加工等）。长直板料下料应注意切割热变形，并根据试件材料的性质、尺寸要求等拟定下料工艺。

拟定下料工艺：

产品名称	试件名称	试件数量	试件示意图样
具体下料工艺：			
编制		审核	

（2）装配工艺

装配时不留间隙，并且为了得到更小的角变形量，需要将立板进行适当的反变形。另

模块 3　机器人与外部轴协同焊接编程操作

外，还要注意定位焊缝的成形对起、收弧的影响。

拟定装配工艺：

产品名称	试件名称	试件数量	装配示意简图
具体装配工艺： 点焊工艺：			
编制		审核	

（3）装夹工艺

试件的装夹除要考虑牢固性和防止变形外，还要注意选择机器人和焊枪的姿态，保证焊枪的可达性和焊接运行的顺畅性，并应综合考虑提高机器人焊接的效率。

拟定装夹工艺：

产品名称	装夹示意图
具体装夹工艺： 	
编制	审核

（4）机器人编程与焊接工艺

1）根据被焊材料的性质和焊接要求，确定两台机器人已经做好双机协同。

2）试件厚度为 10mm，选用单层单道摆动焊。

3）在点焊完成后应先进行各焊道的第一道打底焊，将试件形态固定，避免单焊接一道时应力过大将其他焊点拉断拉裂。

4）本次设备为双机协同，为效率最大化，焊接长直焊缝时两台机器人同时往同一方向进行焊接。这里第一条焊缝的收弧点和第二条焊缝的起弧点必须衔接良好，避免产生焊接缺陷（漏焊、焊瘤、弧坑等）。

5）在焊接筋板附近的焊缝时，两台机器人有可能会产生干涉，需要操作人员设置好干涉区和焊接顺序。

6）在立向上摆动焊接时，需要注意根据铁水的流动状态调整焊丝在焊缝左、右两端的停留时间，以免造成咬边或焊缝不对称等缺陷。向上的焊接速度也需要和电参数匹配，避免焊缝厚度不足或熔池流淌。

拟定机器人编程与焊接工艺：

产品名称		
机器人编程与焊接工艺：		机器人程序文件：
		焊接工艺参数：
编制		审核

3．工艺实施

（1）备料

根据拟定工艺准备下料的工具与设备，完成试件下料操作，并检验合格。备料检验要求如表 15-2 所示。

表 15-2　备料检验要求

项目	参考标准	实际测量	原因分析
底板	500mm×220mm×10mm		
立板	500mm×125mm×10mm		
筋板	125mm×100mm×10mm		
板料对角线误差	1mm/1mm/1mm		
板料切割面粗糙度	50μm/50μm/50μm		
板变形量	无变形		

试 件 照 片

（2）试件装配

根据拟定工艺准备装配的工具与设备，完成试件装配操作，并检验合格。装配检验要求如表 15-3 所示。

表 15-3　装配检验要求

项目	参考标准	实际测量	原因分析
装配间隙	0～0.5mm		
焊缝区域的清理	20mm 范围内		
定位焊点	点焊，需注意打磨		

装　配　照　片

（3）试件装夹

根据拟定工艺准备装夹的工具与设备，完成试件装夹操作，并检验合格。装夹检验要求如表 15-4 所示。

15-4　装夹检验要求

项目	参考标准	实际测量	原因分析
试件摆放位置	两台机器人都必须具备良好的可达性		
焊枪位置	需要提前检查焊枪的姿态，尽量舒展		
夹持位置	均匀分布，不阻碍焊枪行走		
紧固程度	牢靠，不松动		

装　夹　照　片

（4）机器人编程与焊接

根据拟定工艺准备机器人编程与焊接的工具与设备，完成机器人编程与焊接操作。

机器人示教照片

焊 接 照 片

（5）焊缝外观质量的检测

根据焊缝外观质量的要求，准备检测工具与设备，完成焊缝外观质量的检测操作。焊缝外观质量的检测要求及评分如表 15-5 所示。

表 15-5　焊缝外观质量的检测记录及评分

检查项目	参考标准	配分	检测结果	得分
焊脚尺寸	10～13mm	总分 10 分。10～11mm（包括 11mm）得 10 分，11～12mm（包括 12mm）得 6 分，12～13mm（包括 13mm）得 5 分，小于等于 10mm 或大于 13mm 得 0 分		
焊脚高低差	0～2mm	总分 10 分。小于等于 1mm 得 10 分，1～2mm（包括 2mm）得 5 分，大于 2mm 得 0 分		
焊缝凸度	−1～2mm	总分 10 分。−1～0mm（包括 0mm）得 10 分，0～1mm（包括 1mm）得 6 分，1～2mm（包括 2mm）得 2 分，小于等于−1mm 或大于 2mm 得 0 分		
焊缝凸度差	0～2mm	总分 10 分。小于等于 1mm 得 10 分，1～2mm（包括 2mm）得 5 分，大于 2mm 得 0 分		
咬边	0～0.5mm	总分 10 分。咬边深度小于 0.5mm，每超出 0.2mm 扣 1 分；咬边深度大于 0.5mm 得 0 分		
裂纹	无裂纹	总分 5 分。有裂纹得 0 分		
夹渣	无夹渣	总分 5 分。有夹渣得 0 分		
表面气孔	无气孔	总分 5 分。有气孔得 0 分		
错边量	小于等于 0.3mm	总分 5 分。大于 0.3mm 得 0 分		
角变形	0°～1°	总分 5 分。大于 1°得 0 分		

续表

检查项目	参考标准	配分	检测结果	得分
焊缝正面外观成形	焊纹均匀，细密、高低、宽窄一致	总分 15 分。焊纹均匀，细密、高低、宽窄一致得 15 分；焊纹较均匀，高低、宽窄良好得 10 分，焊纹、高低、宽窄一般得 5 分		
未熔合	无未熔合	总分 5 分。有未熔合得 0 分		
焊瘤	无焊瘤	总分 5 分。有焊瘤得 0 分		

4. 工艺优化

根据工艺实施的具体情况，并按照焊接质量的要求，对拟定工艺进行优化，修订完成最终的工艺文件。

（1）下料工艺

产品名称	试件名称	试件数量	试件示意图样

具体下料工艺：

编制			审核	

（2）装配工艺

产品名称	试件名称	试件数量	装配示意简图
具体装配工艺： 点焊工艺：			
编制		审核	

（3）装夹工艺

产品名称		装夹示意图
具体装夹工艺：		
编制		审核	

（4）机器人编程与焊接工艺

产品名称			
机器人编程与焊接工艺：		机器人程序文件：	
		焊接工艺参数：	
编制		审核	

15.3　任务小结

编制	审核

15.4　项目评价

　　项目评价以自我评价和小组评价相结合的方式进行，指导教师根据项目评价和学生的学习成果进行综合评价。

1）根据任务完成的情况，检查任务完成的质量。

2）归纳总结编程与工艺操作的技术要点，并提出改进建议。

双机器人协同焊接编程操作考核评价表如表 15-6 所示。

表 15-6　双机器人协同焊接编程操作考核评价表

班级：　　　　第（　）小组　　姓名：　　　　时间：

评价模块	评价内容	分值	自我评价	小组评价
理论知识	1）了解安全文明生产操作规程	10		
	2）掌握对试件进行质量检测与评定的方法	10		
	3）了解机器人 CO_2 气体保护焊所用的设备	10		
操作技能	1）掌握平角焊缝焊接接头的衔接方法	20		
	2）掌握机器人立向上焊接的方法	20		
	3）能按照焊接技术要求，完成双机器人协同焊接工艺的制订，并掌握双机器人的协同编程、焊接操作和焊接摆动参数的设置方法	20		
职业素养	1）具有质量意识、效率意识、环保意识，践行精益化生产管理理念	5		
	2）具有规范意识、团队意识、安全意识，严格按照操作规程作业	5		

综合评价：

导师或师傅签字：

直 击 工 考

一、单选题

1. 缩短焊接机器人工作节拍的途径有（　　　）。

    A．提高电压　　　　B．删除多余示教点　　　　C．减小速度　　　　D．减小电流

2. 机器人可动部分行动区域与焊枪等行动区域合称为（　　　）。

    A．危险区域　　　　B．安全区域　　　　　　C．可行区域　　　　D．操作区域

二、简答题

双机器人协同焊接编程操作如何避开干涉区？

参 考 文 献

杜志忠，刘伟，2015．点焊机器人系统及编程应用[M]．北京：机械工业出版社．

刘伟，魏秀权，2021．机器人焊接高级编程[M]．北京：机械工业出版社．

孙慧平，2018．焊接机器人系统操作、编程与维护[M]．北京：化学工业出版社．